"十四五"高等职业教育城市智能管理专业群系列教材

基于ESP32智能微型运动装置设计与应用

JIYU ESP32 ZHINENG WEIXING YUNDONG ZHUANGZHI SHEJI YU YINGYONG

黄 瑞　高 艺 ◎ 主 编
杨一兴　宋立红 ◎ 副主编

中国铁道出版社有限公司
CHINA RAILWAY PUBLISHING HOUSE CO., LTD.

内 容 简 介

本书为"十四五"高等职业教育城市智能管理专业群系列教材之一,以天津启诚伟业科技有限公司提供的 TQD-Micromouse JQ3 智能微型运动装置为载体,由浅入深、循序渐进地讲述基于 ESP32 的设计与应用,内容包括:基础知识、项目迎战、项目实战。书中每个任务突出一个知识点的学习与实践,加强学生的动手实践能力训练,培养学生的创新思维与创新意识,使学生既能学习到机器人、无线通信、物联网、智能算法等知识,也能为进一步学习树莓派、Python 语言编程以及人工智能机器人等相关领域技术奠定基础。

本书在重要的知识点、技术(技能)点和素养点上,配有丰富的视频、动画等资源,学生可以通过扫描书中二维码获取相关信息。

本书面向电子信息类、自动化类及相关领域,适合作为高等职业院校开展职业启蒙、科技活动和特色教育的教材,也可作为企业工程技术人员培训用书及迷宫机器人爱好者的参考书。

图书在版编目(CIP)数据

基于 ESP32 智能微型运动装置设计与应用 / 黄瑞,高艺主编 . —北京:中国铁道出版社有限公司,2023.8
"十四五"高等职业教育城市智能管理专业群系列教材
ISBN 978-7-113-30532-1

Ⅰ.①基… Ⅱ.①黄… ②高… Ⅲ.①智能机器人 - 程序设计 - 高等职业教育 - 教材 Ⅳ.① TP242.6

中国国家版本馆 CIP 数据核字(2023)第 168299 号

书 名:基于 ESP32 智能微型运动装置设计与应用
作 者:黄 瑞 高 艺

策　　划:何红艳	编辑部电话:(010)63560043
责任编辑:何红艳　绳　超	
封面设计:刘　颖	
责任校对:苗　丹	
责任印制:樊启鹏	

出版发行:中国铁道出版社有限公司(100054,北京市西城区右安门西街 8 号)
网　　址:http://www.tdpress.com/51eds/
印　　刷:北京联兴盛业印刷股份有限公司
版　　次:2023 年 8 月第 1 版　2023 年 8 月第 1 次印刷
开　　本:787 mm×1 092 mm　1/16　印张:8.75　字数:162 千
书　　号:ISBN 978-7-113-30532-1
定　　价:54.00 元

版权所有　侵权必究

凡购买铁道版图书,如有印制质量问题,请与本社教材图书营销部联系调换。电话:(010)63550836
打击盗版举报电话:(010)63549461

前言

党的二十大报告提出"推进职普融通、产教融合、科教融汇，优化职业教育类型定位"，为现代职业教育体系建设和改革提供了根本遵循，职业教育教材建设进入了新时代。职业教育是"学习如何工作的教育"，本书将完整展现职业行动的工作原貌作为第一原则，将工作内容序化为职业活动，构成职业行动体系，辅以支撑职业行动的职业知识。

本书为"十四五"高等职业教育城市智能管理专业群系列教材之一，书中基础知识篇从原理到结构再到硬件平台和软件开发，让学生系统地学习入门级基础知识，为下一步的任务学习打下坚实的基础。在项目迎战篇中对软硬件开发环境的搭建、显示系统、智能传感、远程控制、监控系统循序渐进地进行学习。在项目实战篇中，以多用途环境监测智能巡检系统为项目背景，根据前面所学过的系统知识进行方案设计，基于TQD-Micromouse JQ3智能微型运动装置进行实战案例开发应用。通过系统学习和实践，让学生对新一代信息技术、通信技术、软件技术、嵌入式技术、机电一体化技术及人工智能、虚拟仿真等专业领域中的关键技术，由简入繁展开，再由繁到简去总结。

本书主要特点如下：

1．体现能力本位功能，突出职业能力培养。将项目或任务的工作内容序化为完整的工作过程，在完成职业活动过程中不断积淀职业能力。

2．体现"以学生为中心"思想，以方便学生学习为第一原则。活页装订方便学生增添新知识、新技能以及记录学习心得，页面留白处理方便学生学习记录，多元目录索引方便学生学习查阅。

3．辅以信息化数字资源，教材内容立体呈现。本书配套开发设计了教学工作页、思考题及视频动画等数字资源，以方便师生学习查阅。

4．集成相关技术，增强教材适应性。本书在选用学习载体和学习内容时，充分考虑学生学习时的兴趣爱好，采用智能微型运行装置为学习载体，既综合体现了传统自动控制技术、传感器技术、嵌入式系统技术，同时也着重引入了Python编程语言、无线通信、远程控制、图像采集处理、智能控制算法等，增强了教材的适应性。

5．校企合作开发，充分体现产教融合校企合作做法。

本书由天津市城市建设管理职业技术学院工学博士、高级工程师黄瑞，南开大学工学博士、副教授高艺任主编，天津市城市建设管理职业技术学院杨一兴、天津启诚伟业科技有限公司总经理、启诚迷宫机器人创始人宋立红任副主编。天津市城市建设管理职业技术学院勾鹏、王新宇,天津启诚伟业科技有限公司总经理特别助理严靖怡、职业教育部经理宋姗参与本书编写工作。

本书在编写过程中得到了天津市城市建设管理职业技术学院、南开大学等相关院校教授专家的大力支持。天津启诚伟业科技有限公司提供了企业实际工程案例、思维导图、二维码视频及动画资源。在此向相关人员表示感谢。

尽管编者在探索职业教育教材特色的建设方面有了一定的突破,但限于水平,教材中仍可能存在疏漏和不足之处,恳请广大读者批评指正。

编 者

2023年7月

第一篇　基础知识 001

任务一　了解智能机器人 001
一、智能机器人概述 002
二、智能机器人分类 002
三、智能机器人发展趋势 003

任务二　认识智能移动机器人 004
一、智能移动机器人概述 004
二、智能移动机器人分类 005
三、智能机器人组成结构 007
四、智能移动机器人的关键性能指标 008
五、智能移动机器人关键技术 008

任务三　学习智能微型运动装置教学平台 010
一、教学平台简介 010
二、核心主控板简介 012
三、电路板简介 016

任务四　了解MicroPython开发之旅 021
一、MicroPython简介 021
二、MicroPython功能 022
三、MicroPython局限性 022
四、Python标准库 023
五、MicroPython特定库 023

任务五　掌握MicroPython编程基础 024
一、基础 024
二、数据类型 026
三、运算符 030
四、条件判断和循环 032
五、函数 035
六、模块 036
七、类 037

第二篇　项目迎战 040

任务一　学习开发环境搭建 040
一、硬件开发环境准备 041
二、软件开发环境搭建 042

任务二　状态指示 050
一、LED发光原理 050
二、三基色组合七色光原理 051
三、驱动方式 051
四、OLED显示屏 052

五、三色LED循环显示 ... 053
　　六、OLED信息显示 ... 056
　任务三　超声波测距 ... 059
　　一、超声波简介 ... 059
　　二、超声波测距原理 ... 060
　　三、超声波检测 ... 061
　任务四　环境信息检测 ... 064
　　一、光敏电阻 ... 065
　　二、温湿度检测 ... 066
　　三、温湿度和光照强度检测 ... 068
　任务五　气体检测 ... 071
　　一、气体传感器工作原理 ... 071
　　二、气体传感器分类 ... 072
　　三、酒精检测 ... 073
　任务六　RFID识别 ... 077
　　一、RFID技术 ... 077
　　二、RFID分类 ... 080
　　三、NFC识别 ... 081
　任务七　电动机驱动 ... 085
　　一、电动机简介 ... 085
　　二、直流电动机工作原理 ... 087
　　三、直流电动机PWM调速 ... 088
　　四、驱动控制 ... 091
　　五、直行控制 ... 095
　任务八　循迹控制 ... 098
　　一、红外循迹检测原理 ... 098
　　二、两路数字型传感器循迹原理 ... 099
　　三、红外避障传感器 ... 099
　　四、循迹运行 ... 100
　任务九　远程控制 ... 105
　　一、Wi-Fi通信 ... 105
　　二、通信流程 ... 107
　　三、Web控制 ... 109
　任务十　视频监控 ... 115
　　一、摄像头类型 ... 115
　　二、图像采集模式 ... 117
　　三、Wi-Fi摄像头应用 ... 117

第三篇　项目实战 ... 124

　任务　学习多用途环境监测智能巡检系统 ... 124
　　一、项目背景 ... 125
　　二、设计方案 ... 125
　　三、基于TQD-Micromouse JQ3的智能巡检系统 ... 126

第一篇 基础知识

学习目标

知识目标

① 了解智能机器人的原理。
② 了解智能机器人的结构。
③ 掌握智能微型运动装置教学平台的使用方式。

能力目标

① 能够区分不同种类的智能机器人。
② 能够区分不同部位的智能机器人结构单元。
③ 能够组装一台完整的智能机器人。

素质目标

① 具有质量意识、环保意识、安全意识、信息素养、工匠精神和创新思维。
② 掌握一定的学习方法，具有良好的生活习惯、行为习惯和自我管理能力。

任务一 了解智能机器人

任务导图

随着科学技术突飞猛进的发展，科技产品日益成为人们生活中无时不在、无处不在、无所不在的客观存在，而智能机器人就是机械技术、电子技术、信息技术有机结合的产物。

一、智能机器人概述

机器人可分为一般机器人和智能机器人,一般机器人是指不具有智能,只具有一般编程能力和操作功能的机器人。

之所以称为智能机器人,是因为它有相当发达的"大脑"。在大脑中起作用的是中央处理器,与操作它的人联系紧密。可以按目的进行复杂动作。正因如此,才说这种机器人是真正的机器人,尽管它们的外表可能有所不同。

在世界范围内还没有一个统一的智能机器人定义。大多数专家认为,智能机器人至少要具备以下三个要素:一是感觉要素,用来认识周围环境状态;二是运动要素,对外界做出反应性动作;三是思考要素,根据感觉要素所得到的信息,思考出采取什么样的动作。感觉要素包括能感知视觉、接近、距离等的非接触型传感器和能感知力、压觉、触觉等的接触型传感器。

智能机器人的思考要素是三个要素中的关键,也是人们要赋予机器人必备的要素。思考要素包括判断、逻辑分析、理解等方面的智力活动。这些智力活动实质上是一个信息处理过程,而计算机则是完成这个处理过程的主要手段。

交互性也是智能机器人的一个重要特点。机器人可以与人、与外部环境以及与其他机器人之间进行信息的交流。

智能机器人的研究从20世纪60年代初开始,经过几十年的发展,基于感觉控制的智能机器人(又称第二代机器人)已达到实际应用阶段,基于知识控制的智能机器人(又称自主机器人或下一代机器人)也取得较大进展,已研制出多种样机。

二、智能机器人分类

智能机器人根据其智能程度的不同,又可分为三种:

1. 传感型机器人

传感型机器人又称外部受控机器人。机器人的本体上没有智能单元,只有执行机构和感应机构,它具有利用传感信息(包括视觉、听觉、触觉、接近觉、力觉和红外、超声及激光等)进行传感信息处理、实现控制与操作的能力。受控于外部计算机,在外部计算机上具有智能处理单元,处理由受控机器人采集的各种信息以及机器人本身的各种姿态和轨迹等信息,然后发出控制指令指挥机器人的动作。机器人世界杯的小型组比赛使用的机器人就属于这样的类型。

2. 交互型机器人

机器人通过计算机系统与操作员或程序员进行人机对话,实现对机器人的控制与操作。虽然具有了部分处理和决策功能,能够独立地实现一些诸如轨迹规划、简单的避障等功能，但是还要受到外部的控制。

3. 自主型机器人

在设计制作之后，机器人无须人的干预，能够在各种环境下自动完成各项拟人任务。自主型机器人的本体上具有感知、处理、决策、执行等模块，可以就像一个自主的人一样独立地活动和处理问题。机器人世界杯的中型组比赛中使用的机器人就属于这一类型。

全自主机器人的最重要的特点在于它的自主性和适应性。自主性是指它可以在一定的环境中，不依赖任何外部控制，完全自主地执行一定的任务。适应性是指它可以实时识别和测量周围的物体，根据环境的变化，调节自身的参数，调整动作策略以及处理紧急情况。

三、智能机器人发展趋势

自主分布式机器人系统，或者多智能体机器人系统是智能机器人未来发展的一个重要趋势。机器人由多个智能信息处理装置和自主动作装置组成。首先，各个单元具有模块化的结构，多个模块组合起来就组成机器人系统。由多关节组成的机器人，每个关节都嵌入智能动作装置，构成一个彼此边通信边运动的系统。它们分为串联结构，如机械手、蛇形机器人等，以及并联结构，如并联机器人、步行机器人（各条腿都有智能动作装置）等。虽然这些机器人的各个单元之间的物理结合（构造）是固定的，但是通过信息的结合（通信、信息交换）和变化又具有柔性的特点。

自主型多机器人协调研究已经成为热点。这并非指单个集中控制器操纵多台机器人动作的研究，而是指分布的多台自主机器人（机械手和移动机器人）彼此协调的技术。例如，现在有人正在开展用多台机器人抓取对象物的协调控制研究、多台自主移动机器人分布运动规划的研究，以及在一个系统里让多台自主传感器（视觉装置等）彼此协调，分布接收目标信息的研究等。有关多台移动机器人的协调，可以划分为合作/非妨碍协调、积极/消极协调、通信/非通信协调等策略。现在已经取得多项协调动作的研究成果。以生物为范例的仿生研究也很多。涉及通信协议设计、同步控制、通信时间延迟（稳定/非稳定、远程操作等）的控制方法、死锁解决方法等具体课题都在研究之中。

分布式机器人系统不仅促进了多模块或多机器人之间行动协调的技术研究，也不断推动涉及环境本身智能单元的配置方式，即所谓的泛在机器人学环境所涵盖的环境智能化技术的研发。分布式机器人系统的行为必须适应环境状况的变化而改变，因此预先描述动作是很困难的。为此，人们正在加强通过强化学习的手段来提高系统自身自主学习、获取知识能力方面的研究。比如，在创发（emergence）机器人学中，人们正在讨论如何设计单元与单元之间的局部交互，以便在宏观结构、功能、行为方面有所改进。

分布式机器人系统研究与多个交叉学科研究领域有密切的关系，例如，群体行动就涉及鱼群、鸟群运动的行为研究，蚁群、蜂群等具有社会性的昆虫的通信/自组织的研究，以及其他一些社会生物学方面的研究；在通信/协调的方法方面，与认知科学、语言学等有关；在协调的实现方面，与计算机科学（如分布式人工智能、人工生命等）有关。最近，关于分布式机器人系统实际应用的讨论也逐渐热闹起来，也应用到RoboCup（机器人足球世界杯）上。

任务二　认识智能移动机器人

任务导图

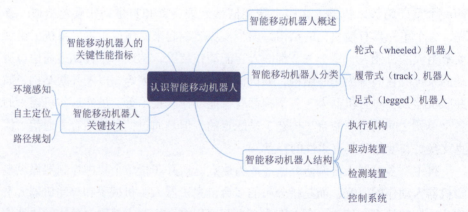

一、智能移动机器人概述

智能移动机器人是智能机器人的一种，是由传感器、遥控操作器和自动控制器等机构组成的具有移动功能的机器人系统，具有自行组织、自主运行、自主规划等特点。能代替人在危险或恶劣环境下进行作业，比一般机器人有更大的机动性和灵活性。

智能移动机器人的研究始于20世纪60年代末期。斯坦福研究院（SRI）的Nils Nilssen（尼尔斯·尼尔森）和Charles Rosen（查尔斯·罗森）等人，在1966年至1972年研发出了取名Shakey的自主移动机器人。其目的是研究应用人工智能技术，在复杂环境下机器人系统的自主推理、规划和控制。随着机器人性能不断完善，移动机器人的应用范围大为扩展，不仅在工业、农业、医疗、服务等行业中得到广泛应用，而且在城市安全、国防和空间探测领域等有害与危险场合得到很好的应用。因此，移动机器人技术已经得到世界各国的普遍关注。

二、智能移动机器人分类

按移动方式，可分为轮式机器人、履带式机器人、足式机器人、蠕动式机器人和游动式机器人等类型；按工作环境，可分为室内移动机器人和室外移动机器人；按控制体系结构，可分为功能式（水平式）结构机器人、行为式（垂直式）结构机器人和混合式机器人；按功能和用途，可分为医疗机器人、军用机器人、助残机器人、清洁机器人等。下面介绍部分类型的机器人。

1. 轮式（wheeled）机器人

（1）主要结构

轮式机器人由车体、车轮、车体-车轮之间的支撑机构组成，如图1-2-1所示。

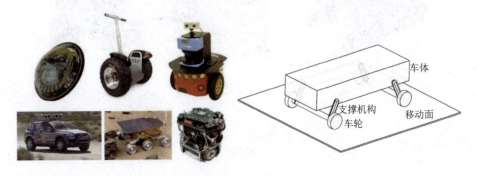

图1-2-1 轮式机器人结构图

① 车体：用于安装各种元器件，承载负重。

② 车轮驱动机构：用于产生轮子的驱动力矩和制动力矩。

③ 车轮：承受全车质量；在车轮驱动机构的作用下运动或者制动，通过地面的摩擦作用形成对整个车子的牵引力或制动力，形成车子运动。

④ 支撑机构：连接车体与车轮；将质量分布到各个轮子；减轻车轮震动对车体影响的作用；确保所有车轮着地。

（2）主要特点

① 机构简单。

② 与地面为连续点接触。

③ 效率极大地依赖于环境情况，特别是地面的平坦度和硬度，在非结构环境中移动性能较差。

2. 履带式（track）机器人

通过履带的面接触方式来适应地面的不平整性。

(1) 履带机构

① 履带机构主要由诱导轮、上下滚轮、驱动轮以及承载这些零部件的行驶框架构成，如图1-2-2所示。

② 驱动轮旋转驱动履带循环，诱导轮和驱动轮一起支撑履带；下滚轮用来减少履带下部着地压强的不均匀性。

③ 上滚轮的作用是防止履带下垂。

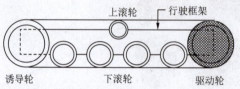

图1-2-2 履带机构

(2) 主要特点

① 与地面为连续面接触，可较好地适应不平整地面和松软地面。

② 稳定性好、接地比压大、牵引力大。

③ 会对地面造成较大磨损。

④ 适合军事、救援等领域。

3. 足式（legged）机器人

足式机器人模拟了人或足式动物，与地面为非连续点接触，对行走路面的要求很低。

(1) 主要优势

① 离散落脚点。

② 能够适应复杂多变的地形。

③ 能够适应不同的地面状况。

④ 能够跨越障碍物和沟壑。

⑤ 具有较小的地面支撑压力。

⑥ 多自由度、多肢体。
⑦ 能够自主调节身体高度。
⑧ 能够自主隔振、确保稳定。
⑨ 具有静态稳定、运动容错性。
⑩ 能够利用腿足操作物体。
（2）主要难题
① 难建模。
② 易失稳。
③ 能耗高。

三、智能机器人组成结构

机器人的结构是很复杂的，一般由执行机构、驱动装置、检测装置和控制系统等组成。

1. 执行机构

执行机构就是机器人的本体，它的臂部一般采用空间开链连杆机构，其中的运动副（转动副或移动副）常称为关节，关节个数通常作为机器人的自由度数。

根据关节配置运动坐标形式的不同，机器人执行机构可分为直角坐标式、圆柱坐标式、极坐标式和关节坐标式等类型。

出于拟人化的考虑，常将机器人本体的有关部位分别称为基座、腰部、臂部、腕部、手部（夹持器或末端执行器）和行走部（对于移动机器人）等。

2. 驱动装置

驱动装置是驱使执行机构运动的机构，按照控制系统发出的指令信号，借助动力元件使机器人进行动作。它输入的是电信号，输出的是线、角位移量。

机器人使用的驱动装置主要是电力驱动装置，如步进电动机、伺服电动机等，此外也有的采用液压、气动等驱动装置。

3. 检测装置

检测装置的作用是实时检测机器人的运动及工作情况，根据需要反馈给控制系统，与设定信息进行比较后，对执行机构进行调整，以保证机器人的动作符合预定的要求。

作为检测装置的传感器大致可以分为两类：一类是内部信息传感器，用于检测机器人各部分的内部状况，如各关节的位置、速度、加速度等，并将所测得的信息作为反馈信号送至控制器，形成闭环控制；另一类是外部信息传感器，用于获取有关机器人的作业对象及外界环境等方面的信息，以使机器人的动作能适应外界情况的变化，使机器人达到更高层次的自动化，甚至使机器人具有某种"感觉"，向智能化发展，例如视觉、听觉等外部传感器给出工作对象、工作环境的有关信息，利用这些信息构成一个大的反馈回路，从而将大大提高机器人的工作精度。

4. 控制系统

控制系统有两种控制方式。一种是集中式控制，即机器人的全部控制由一台微型计算机来完成。另一种是分散（级）式控制，即采用多台微机来分担机器人的控制，如当采用上、下两级微机共同完成机器人的控制时，主机常用于负责系统的管理、通信、运动学和动力学计算，并向下级微机发送指令信息；作为下级从机，各关节分别对应一个CPU（计算机的核心，负责处理、运算计算机内部的所有数据），进行插补运算和伺服控制处理，实现给定的运动，并向主机反馈信息。

四、智能移动机器人的关键性能指标

智能移动机器人的关键性能指标见表1-2-1。

表1-2-1　关键性能指标

关键性能指标	说　明
通行能力	与工作空间、移动方式及移动能力有关
移动能力	移动自由度，通常称为机动度，描述移动机器人空间运动灵活度
速度	最大、最小的速度/加速度
载荷能力	在满足其他性能要求的情况下，机器人能够承载的负荷质量
到点精度	机器人移动到点的实际位置和理想位置之间的差距
重复精度	在相同的位置指令下，机器人连续重复运动若干次，其位置的分散情况
静态稳定	静态稳定性，质心是否在支撑区域内
移动自主性	控制方式，遥控、半自主还是全自主

五、智能移动机器人关键技术

智能移动机器人关键技术紧紧围绕着"感知"、"决策"和"执行"这三方面，其中环境感知、自主定位和路径规划是智能移动机器人技术的三大重点问题。

1. 环境感知

目前，在机器人室内环境中，以激光雷达为主，并借助其他传感器的移动机器人自主环境感知技术已相对成熟，而在室外应用中，由于环境的多变性及光照变化等影响，环境感知的任务相对复杂得多，对实时性要求更高，使得多传感器融合成为机器人环境感知面临的重大技术任务。

利用单一传感器进行环境感知大多都有其难以克服的弱点，但将多传感器有效融合，通过对不同传感器的信息冗余、互补，几乎能使机器人覆盖所有的空间检测，全方位提升机器人的感知能力，因此利用激光雷达传感器，结合超声波、深度摄像头、防跌落等传感器获取距离信息，来实现机器人对周围环境的感知成为研究的热点。

使用多传感器构成环境感知技术可带来多源信息的同步、匹配和通信等问题，需要研究解决多传感器跨模态、跨尺度信息配准和融合的方法及技术。但在实际应用中，并不是所使用的传感器种类越多越好。针对不同环境中机器人的具体应用，需要考虑各传感器数据的有效性、计算的实时性。

2. 自主定位

移动机器人要实现自主行走，定位也是其需要掌握的核心技术之一。目前GPS在全局定位上已能提供较高精度，但GPS具有一定的局限性，在室内环境下会出现GPS信号弱等情况，容易导致位置的丢失。

近年来，SLAM技术发展迅速，提高了移动机器人的定位及地图创建能力，SLAM是同步定位与地图构建（simultaneous localization and mapping）的缩写，最早是由Hugh Durrant-Whyte（休·达兰特·怀特）和John J.Leonard（约翰J.莱昂纳德）在1988年提出的。SLAM与其说是一个算法不如说它是一个概念更为贴切，它被定义为解决"机器人从未知环境的未知地点出发，在运动过程中通过重复观测到的地图特征（比如，墙角、柱子等）定位自身位置和姿态，再根据自身位置增量式的构建地图，从而达到同时定位和地图构建目的"的问题方法的统称。

3. 路径规划

路径规划技术也是机器人研究领域的一个重要分支。最优路径规划就是依据某个或某些优化准则（如工作代价最小、行走路线最短、行走时间最短等），在机器人工作空间中找到一条从起始状态到目标状态、可以避开障碍物的最优路径。

根据对环境信息的掌握程度不同，机器人路径规划可分为全局路径规划和局部路径规划。

全局路径规划是在已知的环境中，给机器人规划一条路径，路径规划的精度取决于环境获取的准确度。全局路径规划可以找到最优解，但是需要预先知道环境的准确信息，当环境发生变化，如出现未知障碍物时，该方法就无能为力了。它是一种事前规划，因此对机器人系统的实时计算能力要求不高，虽然规划结果是全局的、较优的，但是对环境模型的错误及噪声鲁棒性差。

而局部路径规划则环境信息完全未知或有部分可知，侧重于考虑机器人当前的局部环境信息，让机器人具有良好的避障能力，通过传感器对机器人的工作环境进行探测，以获取障碍物的位置和几何性质等信息，这种规划需要搜集环境数据，并且对该环境模型的动态更新能够随时进行校正。局部规划方法将对环境的建模与搜索融为一体，要求机器人系统具有高速的信息处理能力和计算能力，对环境误差和噪声有较高的鲁棒性，能对规划结果进行实时反馈和校正，但是由于缺乏全局环境信息，所以规划结果有可能不是最优的，甚至可能找不到正确路径或完整路径。

全局路径规划和局部路径规划并没有本质上的区别，很多适用于全局路径规划的方法经过改进也可以用于局部路径规划，而适用于局部路径规划的方法同样经过改进后也可适用于全局路径规划。两者协同工作，机器人可更好地规划从起始点到终点的行走路径。

任务三　学习智能微型运动装置教学平台

任务导图

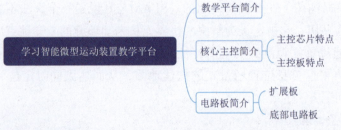

一、教学平台简介

智能微型运动装置是智能移动机器人的一种，具有体积小、可移动、智能化等特点。

智能微型运动装置教学平台，型号TQD-Micromouse JQ3，如图1-3-1所示，是天津启诚伟业科技有限公司根据职普融通教学和竞赛需求，独立开发设计，拥有自主知识产权的新一代智能微型运动装置。

① 支持MicroPython和Arduino两种编程方式，易学易懂易练，满足不同学习需求。

② 支持Wi-Fi和Bluetooth两种无线通信方式，轻松实现App和Web的通信与控制。

图1-3-1　TQD-Micromouse JQ3

③ 提供多种集成方案、测试场地、检测结构、运动结构以及图像视觉，可根据需要自由选配。

TQD-Micromouse JQ3车体前端安装有照射地面的一体式循迹传感器，用于在平面场地上循迹运行。

工作原理：平面场地上的空白区域和黑色轨迹对光线的反射能力有差异，机器人在场地上行走时，依据不同位置接收到的反射光的强弱，判断车姿是否发生偏移以及是否到达路口，从而完成识别和搜索等功能任务。

TQD-Micromouse JQ3共分为核心主控板、扩展板、底部电路板三部分，如图1-3-2所示。

图1-3-2　TQD-Micromouse JQ3结构图

核心主控板是TQD-Micromouse JQ3的"大脑"，负责程序的运行，如驱动传感器检测、控制电动机转动等,都需要核心主控板发出指令。

扩展板是TQD-Micromouse JQ3对核心主控板接口的扩展,I/O接口以GVS三线形式引出,方便扩展通用传感器和执行器;I2C、UART和SPI接口同样延伸到了扩展板上,可以非常方便地连接液晶屏、陀螺仪等复杂模块。

底部电路板上安装了TQD-Micromouse JQ3的运动结构,接收扩展板发出的驱动信号,经过电动机驱动芯片的处理,驱动电动机转动。

二、核心主控板简介

由Espressif Systems创造的ESP32是一款低成本、低功耗片上系统(SoC)系列,具有Wi-Fi和双模蓝牙功能。ESP32系列包括芯片ESP32-D0WDQ6(和ESP32-D0WD)、ESP32-D2WD、ESP32-S0WD和系统级封装(SiP)ESP32-PICO-D4。

TQD-Micromouse JQ3核心主控板采用ESP32-D0WDQ6作为主控芯片,如图1-3-3所示,其核心是双核或单核Tensilica Xtensa 32-bit LX6微处理器,时钟频率高达240 MHz。ESP32由内置天线开关、射频巴伦、功率放大器、低噪声接收放大器、滤波器和电源管理模块高度集成。ESP32专为移动设备、可穿戴电子设备和物联网应用而设计,通过节能功能实现超低功耗,包括精细分辨率时钟门控、多种功率模式和动态功率调节。

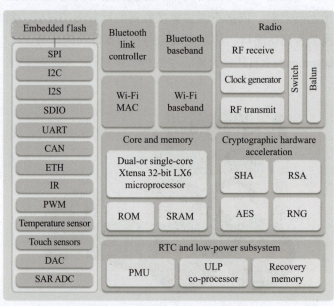

图1-3-3　ESP32-D0WDQ6主控芯片

1. 主控芯片特点

（1）处理器

① 主处理器：Xtensa 32-bit LX6微处理器。

a. 内核：32位双核处理器。

b. 时钟频率：高达240 MHz。

c. 性能：高达600 DMIPS[①]。

② 超低功耗协处理器：允许在深度睡眠时访问外围设备、内部传感器及RTC（实时时钟）寄存器。

（2）无线连接

① Wi-Fi：802.11b/g/n/e/i（802.11n@2.4 GHz，最高150 Mbit/s）。

② 蓝牙：v4.2 BR/EDR和蓝牙低功耗（BLE）。

（3）存储器

① 内部存储器：

a. ROM：448 KB，用于启动和核心功能。

b. SRAM：520 KB，用于数据和指令。

c. RTC快速SRAM：8 KB，用于RTC期间的数据存储和主CPU从深度睡眠模式启动。

d. RTC慢速SRAM：8 KB，用于深度睡眠模式期间的协处理器访问。

e. eFuse：1 024 bit，其中256位用于系统（MAC地址和芯片配置），其余768位保留用于客户应用，包括Flash-Encryption和Chip-ID。

f. 嵌入式闪存：Flash通过ESP32-D2WD和ESP32-PICO-D4上的IO16，IO17，SDCMD，SDCLK，SDDATA0和SDDATA1进行内部连接。

② 外部闪存和SRAM：ESP32支持多达四个16 MB外部QSPI（队列串行外设接口）闪存和带有基于AES（高级加密标准）的硬件加密的SRAM，以保护开发人员的程序和数据。ESP32可以通过高速缓存访问外部QSPI闪存和SRAM。

a. 高达16 MB的外部闪存被内存映射到CPU代码空间，支持8位、16位和32位访问。支持代码执行。

b. 最多8 MB的外部闪存/SRAM存储器映射到CPU数据空间，支持8位、16位和32位访问。闪存和SRAM支持数据读取。SRAM支持数据写入。带有嵌入式闪存的ESP32芯片不支持外部闪存和外设之间的地址映射。

---

① DMIPS是一种衡量嵌入式处理器性能的指标。它是指在执行Dhrystone测试的情况下，处理器每秒能够执行多少条指令。

（4）外设输入/输出

带有DMA（直接内存访问）的丰富外设接口，包括电容式触摸、ADC（模/数转换器）、DAC（数/模转换器）、I2C（内部集成电路）、UART（通用异步接收器/发送器）、CAN 2.0（控制器区域网络）、SPI（串行外设接口）、I2S（集成IC间声音）、RMII（简化介质无关接口）、PWM（脉冲宽度调制）等。

（5）安全

① 支持IEEE 802.11标准安全功能，包括WFA、WPA/WPA2和WAPI。

② 安全启动。

③ Flash加密。

④ 1 024位OTP，客户最多768位。

⑤ 加密硬件加速：支持AES、SHA-2（安全散列算法2）、RSA（非对称加密算法）、ECC（椭圆曲线加密算法）。

2. 主控板特点

ESP8266 Wi-Fi模块是过去几年中最受欢迎和最实用的模块之一。市场上有这种模块的各种版本。

ESP32核心主控板是ESP8266的升级版本，如图1-3-4所示。除了Wi-Fi模块，该模块还包含蓝牙4.0模块。双核CPU工作频率为80～240 MHz，包含Wi-Fi和蓝牙模块以及各种输入和输出引脚，是物联网相关项目的理想选择。

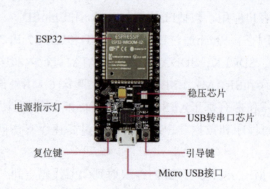

图1-3-4　ESP32核心主控板

（1）ESP32模块引脚分布

ESP32模块引脚分布如图1-3-5所示。虽然ESP32的引脚数比常用的处理器少，但在引脚上复用多个功能时不会遇到任何问题。

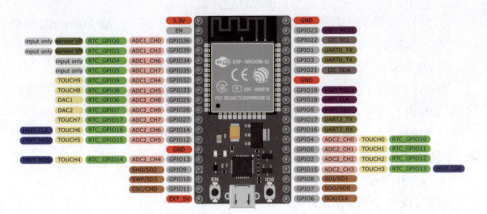

图1-3-5　ESP32模块引脚分布

注意：ESP32引脚的耐压范围为0～3.3 V。如果要将ESP32连接到其他工作电压为5 V的设备，则应使用电平转换器转换电压电平。

① 电源引脚。该模块有两个电源引脚5 V和3.3 V，如图1-3-6所示。可以使用这两个引脚来向其他设备和模块供电。

② GND引脚。该模块的接地有3个引脚。

③ 启用引脚（EN）。该引脚用于启用和禁用模块。引脚为高电平时启用模块，低电平时禁用模块。

④ 输入/输出引脚（GPIO）。可以使用32个GPIO引脚与LED、开关和其他输入/输出设备进行通信。

可以在内部上拉或下拉这些引脚。

图1-3-6　电源引脚

注意：GPIO6至GPIO11引脚（SCK/CLK、SDO/SD0、SDI/SD1、SHD/SD2、SWP/SD3和SCS/CMD引脚）用于模块内部闪存的SPI通信，不建议使用它们。

⑤ ADC。可以使用此模块上的16个ADC引脚将模拟电压（某些传感器的输出）转换为数字电压。其中，一些转换器连接到内部放大器，能够以高精度测量小电压。

⑥ DAC。ESP32模块有两个DAC，精度为8位。

⑦ 触摸焊盘。ESP32模块上有10个引脚，对电容变化很敏感。可以将这些引脚连接到某些焊盘（PCB上的焊盘），并将它们用作触摸开关。

⑧ SPI。该模块上有两个SPI接口，可用于连接显示屏、SD/Micro SD存储卡模块、外部闪存等。

⑨ I2C。SDA和SCL引脚用于I2C通信。

⑩ 串行通信（UART）。该模块上有三个UART串行接口。通信速度最高可达5 Mbit/s。

⑪ PWM。几乎所有ESP32输入/输出引脚都可用于PWM（脉冲宽度调制）。使用这些引脚可以控制电动机、LED灯和颜色等。

（2）ESP32模块模式

ESP32模块有五种模式：

① 活动模式。在这种模式下，Wi-Fi和蓝牙发射器和接收器的所有部分都是活动的。在这种情况下，工作电流为80～260 mA。

② 调制解调器睡眠模式。处理器仍处于活动状态，但Wi-Fi和蓝牙已禁用。在这种情况下，工作电流为3～20 mA。

③ 轻度睡眠模式。主处理器停止工作，但RTC单元和ULP处理器单元仍处于活动状态。工作电流约为0.8 mA。

④ 深度睡眠模式。只有RTC单元处于活动状态。Wi-Fi和蓝牙通信的数据存储在RTC的存储器中，工作电流为10～150 μA。

⑤ 休眠模式。在这种模式下，除了用于时钟的RTC定时器和连接到RTC的一些I/O引脚外，其余单元均被禁用。RTC定时器或连接的引脚可以将芯片从此状态唤醒。在这种情况下，工作电流约为2.5 μA。

三、电路板简介

TQD-Micromouse JQ3的核心主控板安装在扩展板上，扩展板与底部电路板通过导线连接。

1. 扩展板

扩展板将核心主控板的所有接口都扩展出来，方便进行二次开发，如图1-3-7所示。

注意：ESP32核心主控板是38引脚，扩展板的插座是40引脚，靠近USB接口的两个引脚是没有任何连接的，安装核心主控板时不要插到这两个引脚上。

图1-3-7中：

标号1：电池插座，插入锂电池。

标号2：电源开关，左开右关。

标号3：Type-C接口，可以向外供电，亦可从外部向扩展板供电。

图1-3-7　扩展板实物图

扩展板引脚图如图1-3-8所示。

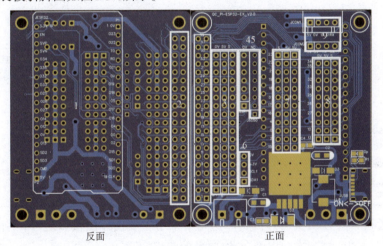

图1-3-8　扩展板引脚图

图1-3-8中：

1区：ESP32核心主控板安装位，安装时，请将Micro USB接口对齐图中的缺口方向。

2区：树莓派电路板兼容接口，扩展板兼容树莓派标准40引脚。可以通过此接口与树莓派电路板连接，将树莓派电路板的I/O引脚扩展出来，方便使用。

3区：树莓派电路板I/O扩展接口。

4区：ESP32和树莓派电路板共用SPI接口。I/O引脚占用情况见表1-3-1。

表1-3-1　I/O引脚占用情况（4区）

SPI功能名	ESP32	树莓派（BOARD编码）
MISO	GPIO19	GPIO21
MOSI	GPIO23	GPIO19
SCLK	GPIO18	GPIO23
CE0	GPIO5-CS	GPIO24
CE1	×（悬空）	GPIO26
3.3 V		
GND		

5区和6区：ESP32只有一组I2C接口，树莓派有两组I2C接口。5区是ESP32和树莓派共用I2C接口，适配6050模块；6区是树莓派独用I2C接口。I/O引脚占用情况见表1-3-2。

表1-3-2　I/O引脚占用情况（5区和6区）

项目	I2C功能名	ESP32	树莓派（BOARD编码）
5区	SCL0	GPIO22	GPIO28
	SDA0	GPIO21	GPIO27
6区	SCL1	×（不包含）	GPIO5
	SDA1	×（不包含）	GPIO3

7区和8区：ESP32 I/O扩展。这是本书中主要使用的接口之一，引脚采用GVS 3线排列，排列方向以及I/O接口见电路板标注。

9区：UART接口。ESP32有两组UART接口，树莓派仅有一组，此处的COM1是ESP32和树莓派共用的，而COM2是ESP32独用的，I/O引脚占用情况见表1-3-3。

表1-3-3　I/O引脚占用情况（9区）

项目	UART功能名	ESP32	树莓派（BOARD编码）
COM1	TX	GPIO10	GPIO8
	RX	GPIO9	GPIO10
COM2	TX	GPIO17	×（不包含）
	RX	GPIO16	×（不包含）

注意：请勿同时连接ESP32和树莓派，可能存在电路板损毁的风险。

2. 底部电路板

TQD-Micromouse JQ3共四台电动机，安装在底部电路板上，底部电路板通过导线与扩展板连接，完成系统的闭环。底部电路板实物图如图1-3-12所示。

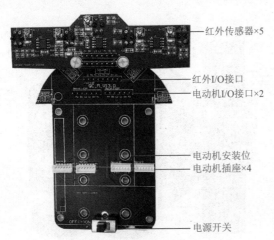

图1-3-12　底部电路板实物图

左侧两台电动机并联，右侧两台电动机并联。循迹传感器安装在前端定位孔中。

（1）电动机I/O接口

电动机左侧接口见表1-3-4。

表1-3-4　电动机左侧接口

M2	5V	C2	C1	0V	M1
驱动电动机（+）	编码器供电	编码器A相	编码器B相	编码器接地	驱动电动机（-）

电动机右侧接口见表1-3-5。

表1-3-5　电动机右侧接口

M4	5V	C2	C1	0V	M3
驱动电动机（+）	编码器供电	编码器A相	编码器B相	编码器接地	驱动电动机（-）

若电动机不支持编码器，仅连接M2、M1、M4、M3即可。

（2）循迹传感器接口

循迹传感器直接使用杜邦线与扩展板相连接，引脚说明见表1-3-6。

表1-3-6　循迹传感器引脚说明

L2	L1	M	R1	R2
左2传感器	左1传感器	中间传感器	右1传感器	右2传感器

电动机安装图如图1-3-16所示。

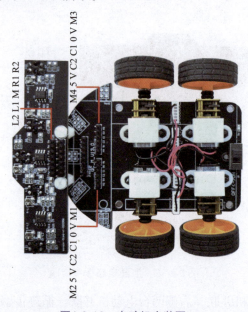

图1-3-16　电动机安装图

整体效果如图1-3-17所示。

图1-3-17　整体效果

任务四　了解MicroPython开发之旅

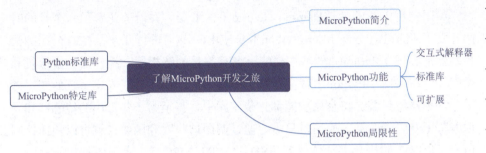

一、MicroPython简介

MicroPython是一门解释型语言，与非解释型语言的区别如图1-4-1所示，是微型化的Python，可以运行在微控制器中，它使得用户可以编写Python脚本来控制硬件。

Python是一款非常容易使用的脚本语言，它的语法简洁，使用简单，功能强大，容易扩展。而且Python有强大的社区支持，有非常多的库可以使用，它的网络功能和计算功能也很强，可以方便地和其他语言配合使用，使用者也可以开发自己的库，因此Python被广泛应用于工程管理、网络编程、科学计算、人工智能、机器人、教育等许多行业。Python语言长期在编程语言排行榜上处于前五的位置。更重要的是，Python也是完全开源的，不像Windows、Java那样受到某些大公司的控制和影响，它完全是靠社区在推动和维护，所以Python受到越来越多的开发者青睐。不过遗憾的是，因为受到硬件成本、运行性能、开发习惯等一些原因的影响，前些年Python并没有在通用嵌入式方面得到太多的应用。

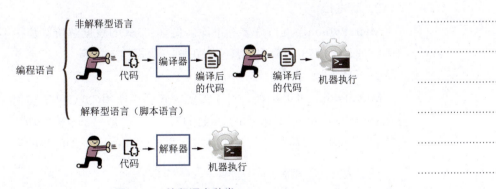

图1-4-1　编程语言种类

随着半导体技术和制造工艺的快速发展，芯片的升级换代速度也越来越快，芯片的功能、内部的存储器容量和资源不断增加，而成本却在不断降低。特别是随着像ST公司和乐鑫公司高性价比的芯片和方案应用越来越多，这就给Python在低端嵌入式系统上的使用带来了可能。

英国剑桥大学的教授Damien George（达米安·乔治）花费了六个月的时间开发了MicroPython。MicroPython本身使用GNU C进行开发，在ST公司的微控制器上实现了Python 3的基本功能，拥有完善的解析器、编译器、虚拟机和类库等。在保留了Python语言主要特性的基础上，他还对嵌入式系统的底层做了非常不错的封装，将常用功能都封装到库中，甚至为一些常用的传感器和硬件编写了专门的驱动。使用时只需要通过调用这些库和函数，就可以快速控制LED、液晶、舵机、多种传感器、SD、UART、I2C等，实现各种功能，而不用再去研究底层模块的使用方法。这样不但降低了开发难度，而且减少了重复开发工作，可以加快开发速度，提高了开发效率。以前需要较高水平的嵌入式工程师花费数天甚至数周才能完成的功能，现在普通的嵌入式开发者用几个小时就能实现类似的功能，而且更加轻松和简单。

二、MicroPython功能

MicroPython的最主要功能是运行Python。可以创建简单、有效且易于理解的程序。这是它相对于Arduino等其他板的最大优势。以下列出了MicroPython支持的一些功能。

1. 交互式解释器

MicroPython开发板内置了特殊的交互式控制台，可以通过使用USB电缆（或在某些情况下通过Wi-Fi）连接到开发板来进行访问。此交互式控制台称为"读取-评估-打印"循环，可以输入代码，一次执行一行。这是使代码原型化或在开发代码时运行项目的好方法。

2. 标准库

MicroPython还支持许多标准库。例如：JSON数据解析、套接字编程、字符串处理、文件输入/输出，甚至对正则表达式的支持等。

3. 可扩展

MicroPython也可扩展。对于需要在底层（使用C或C++）实现一些复杂库并在MicroPython中包含新库的高级用户而言，这是一个很棒的功能。确实，这意味着可以构建自己的独特代码并将其纳入MicroPython功能集的一部分。

三、MicroPython局限性

MicroPython最大的局限性在于它的易用性。易于使用Python意味着可以即时解释代码。而且，尽管MicroPython经过高度优化，但对于解释器来说仍然要付出代价。这意味着需要高精确度的项目，例如以高速率采样数据或通过连接（USB、硬件接口等）进行通信可能无法足够快地运行。对于这些领域，可以通过使用优化处理低级通信的库扩展MicroPython语言来解决该问题。

MicroPython还比其他微控制器平台（如Arduino）使用更多的内存。通常，这不是问题，但是如果程序开始变大，应该考虑一些问题。使用大量库的较大程序可能会比预期消耗更多的内存。这与Python的易用性有关。

四、Python标准库

一部分Python标准库被微型化，以适应MicroPython，见表1-4-1。

表1-4-1 微型化的Python标准库

序号	名称	含义	序号	名称	含义
1	array	数组	13	os	基本的"操作系统"服务
2	binascii	二进制/ASCII转换	14	random	生成随机数
3	builtins	内置函数和异常	15	re	正则表达式
4	cmath	复数数学函数	16	select	等待流上的事件
5	collections	收集和容器类型	17	socket	套接字
6	errno	系统错误代码	18	ssl	SSL/TLS模块
7	gc	控制垃圾收集器	19	struct	打包和解包原始数据类型
8	hashlib	哈希算法	20	sys	特定于系统的功能
9	heap	堆队列算法	21	time	时间相关函数
10	i/o	输入/输出流	22	uasyncio	异步I/O调度器
11	json	JSON编解码	23	zlib	zlib解压
12	math	数学函数	24	_thread	多线程支持

五、MicroPython特定库

MicroPython特定库见表1-4-2，不同版本的固件中，通常都是可用的。

表1-4-2 MicroPython特定库

序号	名称	含义	序号	名称	含义
1	bluetooth	低功耗蓝牙	6	micropython	访问和控制MicroPython内部
2	btree	简单的BTree数据库	7	neopixel	控制WS2812灯带
3	cryptolib	加密密码	8	network	网络配置
4	framebuf	帧缓冲操作	9	uctypes	以结构化方式访问二进制数据
5	machine	与硬件相关的功能			

除了官方提供的Python标准库和MicroPython特定库外，还可以选择使用其他用户编写的程序，称为第三方库，可以在搜索引擎或GitHub（世界上最大的代码托管平台）上搜索获得。

任务五　掌握MicroPython编程基础

任务导图

掌握MicroPython编程基础

- 基础
  - print输出
  - 注释
  - 缩进
  - help()函数
  - 常量、变量
- 数据类型
  - Number（数字）
  - String（字符串）
  - List（列表）
  - Tuple（元组）
  - Dictionary（字典）
- 运算符
  - 算术运算符
  - 位运算符
  - 比较运算符
  - 逻辑运算符
  - 赋值运算符
- 条件判断和循环
  - if语句
  - while语句
  - for语句
  - break语句和continue语句
  - pass语句
- 函数
  - 函数定义
  - 函数调用
  - 默认值参数
  - return语句
  - lambda表达式
  - 全局变量
  - 局部变量
- 模块
  - import语句
  - from…import语句
- 类
  - 类定义
  - 类实例化
  - 构造方法
  - 实例方法
  - 类的继承

一、基础

1. print输出

使用print()函数可以将数据打印到终端。

print()函数可以直接在终端执行，也可以写在Python文件中，通过运行文件来执行。例如：

在终端使用：

```
>>> print("Hello MicroPython!")
Hello MicroPython!
>>>
```

在文件中使用：

```
print("Hello MicroPython!")
```

注意：当在交互环境下编写代码时，>>>是MicroPython解释器的提示符，不是代码的一部分。前面没有 >>> 或…的Hello MicroPython!为程序运行的结果。

2. 注释

代码中的注释有助于理解代码，在程序运行时，会忽略注释。

（1）单行注释

MicroPython中的单行注释以#开头，后面的文字直到行尾都算注释。

示例：

```
>>> 6+5   # Mathematical calculations
11
>>>
```

（2）多行注释

如果要进行多行的注释，可以使用多个#号，三个单引号（'''）或三个双引号（"""）。

示例：

```
"""
This is a comment that continues across lines.

"""
```

3. 缩进

MicroPython使用缩进来区分不同的代码块，不需要使用花括号{}。

```
if 5>3:
    print(88)
else:
    print(66)
```

缩进的空格数是可变的，但是同一代码块缩进必须一致。

4. help()函数

调用MicroPython的help()函数查看一些基本信息。

示例：help(print)查看print()函数的基本信息

```
>>> help(print)
Help on built-in function print in module builtins:

print(...)
    print(value, ..., sep=' ', end='\n', file=sys.stdout, flush=False)
    
    Prints the values to a stream, or to sys.stdout by default.
    Optional keyword arguments:
    file:  a file-like object (stream); defaults to the current sys.stdout.
    sep:   string inserted between values, default a space.
    end:   string appended after the last value, default a newline.
```

```
        flush: whether to forcibly flush the stream.
```

5. 常量、变量

（1）常量

如10、100这样的数值或"MicroPython"这样的字符串，就是常量。

```
>>> 10
10
>>> 'MicroPython'
'MicroPython'
```

（2）变量

创建一个变量很简单，只需要起个名，给它赋予一个值，在赋值的时候不需要指定变量的数据类型，因为变量是一个引用，它通过赋值来访问不同数据类型的对象。这点与其他语言中的变量不同，要注意。

示例：

```
>>> a = 10
>>> a
10
>>> a = 'MicroPython'
>>> a
'MicroPython'
```

给变量命名必须遵循以下规则：

① 变量名只能包含数字、字母、下画线。

② 变量名的第一个字符必须是字母或下画线。

③ 变量名区分大小写。

二、数据类型

MicroPython中基本的数据类型有Number（数字）、String（字符串）、List（列表）、Tuple（元组）、Dictionary（字典）等。

用type()可以查看变量和常量的数据类型。

```
>>> type(10)
<class 'int'>
>>> type('')
<class 'str'>
```

1. Number（数字）

MicroPython支持int、float、bool、complex（复数）。

当定义一个变量时，Number对象被创建。创建的Number对象，可以通过del语句进行删除。

```
>>> temp = 23
```

```
>>> del temp
```

注意：
① 可以同时为多个变量赋值，如a，b = 1，2。
② 数值的除法（/）总是返回一个浮点数，如1/1，结果为1.0。
③ 在混合计算时，MicroPython会把整型转换成为浮点型。

（1）int（整型）

MicroPython可以处理任意大小的整数（包括负整数）。整数的表示方法和数学上的写法一样，如：

1，100，-8080，0，…

MicroPython中用十六进制表示整数，如：

0xff00，0xa5b3c3d2，…

（2）float（浮点型）

浮点数就是小数。按科学记数法表示时，浮点数的小数点是可变的，如1.23×10^9和12.3×10^8是相等的。可以把10用e替代，1.23×10^9就是1.23e9，或是12.3e8，0.000 012可以写成1.2e-5。

示例：

```
>>> a=1.25e3
>>> a
1250.0
```

浮点数和整数在计算机内部存储方式不同，整数是精确的，而浮点数运算时会有四舍五入的误差。

（3）bool（布尔型）

布尔值只有True、False两种值，区分大小写。

示例：

```
>>> if True:
    print(88)

88
```

上述示例中if为一个判断语句，当条件成立时，执行下面的语句。

（4）complex（复数）

复数由实数部分和虚数部分构成，可以用a+bj，或者complex(a, b)表示，复数的实部a和虚部b都可以是浮点型。

示例：

```
>>> complex(1,2)
```

(1+2j)

（5）数字类型转换

有时候，需要对数据内置的类型进行转换，具体如下：

① int(x)：将x转换为一个整数；

② float(x)：将x转换为一个浮点数；

③ complex(x)：将x转换为一个复数，实数部分为x，虚数部分为0。complex(x, y)：将x和y转换为一个复数，实数部分为x，虚数部分为y。x和y是数字表达式。

2. String（字符串）

字符串通常以双引号"或单引号'括起来，如"abc"、'xyz'。

```
>>> s = 'abc'
>>> s
'abc'
```

还有大量的方法用于操作字符串。

```
>>> s[0]
'a'
>>> ''.join((s, 'def'))
'abcdef'
```

3. List（列表）

列表是MicroPython中最基本的数据结构。列表中的每个元素都分配一个索引，第一个索引是0，第二个是1，依次类推。

在MicroPython中定义列表需要使用方括号，列表中的数据项都包含在方括号中，数据项之间使用逗号分隔。

（1）创建列表

列表中的数据可以是任意数据类型，甚至可以是不同类型的混合。

示例：

```
>>> list1 = [0,1,2]
>>> list2 = [0,'abc', True]
```

（2）操作列表

列表创建完成后，可以进行访问、修改、删除、插入等操作，即列表是可变的数据类型。

① 访问列表中的值。使用下标索引来访问列表中的值，同样也可以使用方括号的形式截取字符。

示例：

```
>>> list2[1]
'abc'
```

② 修改列表项。可以对列表的数据项进行修改。

示例：

```
>>> list2[0]=88
>>> list2
[88, 'abc', True]
```

③ 删除列表中的元素。可以使用del或pop()函数来删除列表中指定位置的元素。

示例：

```
>>> list2.pop()
True
>>> list2
[88, 'abc']
```

（3）常用函数

cmp(list1, list2)：比较两个列表的元素。

len(list)：返回列表元素个数。

max(list)：返回列表元素最大值。

min(list)：返回列表元素最小值。

list(seq)：将元组转换为列表。

list.append(obj)：在列表末尾添加新的对象。

list.count(obj)：统计某个元素在列表中出现的次数。

list.extend(seq)：在列表末尾一次性追加另一个序列中的多个值（用新列表扩展原来的列表）。

list.index(obj)：从列表中找出某个值第一个匹配项的索引位置。

list.insert(index, obj)：将对象插入列表。

list.pop(obj=list[-1])：移除列表中的一个元素（默认最后一个元素），并且返回该元素的值。

list.remove(obj)：移除列表中某个值的第一个匹配项。

list.reverse()：反向列表中元素。

list.sort([func])：对原列表进行排序。

4. Tuple（元组）

元组和列表十分类似，只是元组和字符串一样是不可变的，即不能修改元组。正是由于元组不可变，一般用于MicroPython中定义一组不需要改变的值。

在MicroPython中定义元组使用圆括号，元组中的项目同样使用逗号分隔。

示例：

```
>>> tup = (0,3,5)
>>> tup
(0, 3, 5)
```

空的元组由一对空的圆括号组成，比如t=()。

注意：定义只有1个元素的元组时，必须要在这个元素后面跟一个逗号。

示例：

```
>>> a = (1)
>>> b = (1,)
>>> type(a)
<class 'int'>
>>> type(b)
<class 'tuple'>
```

5. Dictionary（字典）

字典这种数据结构类似通信录，有一个名字和名字对应的信息，可以通过名字查找对应的信息，在字典中名字叫"键"，对应的内容叫"值"。字典就是一个键/值对（key/value）的集合。

在MicroPython中定义字典使用花括号，字典中的键/值对之间使用逗号分隔，键和值之间用冒号分隔。

（1）把数据放入dict

可以直接对单个键赋值的方法来将数据放入字典。

```
>>> d = {'name':'TQD', 'age':17}
>>> d
{'name': 'TQD', 'age': 17}
```

（2）删除键/值对

用pop（key）的方法删除一个键/值对，对应的value也会从dict中删除。

```
>>> d.pop('age')
17
>>> d
{'name': 'TQD'}
```

三、运算符

下面主要说明MicroPython的运算符。

1. 算术运算符

日常生活中用到的（+-*/）符号就是运算符见表1-5-1。

表1-5-1 算术运算符

运算符	名 称	说 明
+	加	两个对象相加
-	减	定义一个负数，或两个对象相减
*	乘	两数相乘或返回一个被重复若干次的字符串、列表、元组等
/	除	两数相除
//	取整除	返回商的整数部分
%	取余	返回除法的余数
**	幂	x**y；返回x的y次幂

2. 位运算符

位运算符是把数字看作二进制来进行计算的，见表1-5-2。例如5的二进制位为0101。

表1-5-2 位运算符

运算符	名 称	说 明
<<	左移	把<<左边的运算数的各二进制位全部左移若干位（由<<右边的数指定移动的位数），高位丢弃，低位补0
>>	右移	把>>左边的运算数的各二进制位全部右移若干位（由>>右边的数指定移动的位数），低位丢弃，高位补0
&	按位与	参与运算的两个值，如果相应的两个位都为1，则对应位按位与运算的结果为1，否则为0
|	按位或	两个数对应的二进制位有一个为1时，则对应位按位或运算的结果为1，否则为0
^	按位异或	两个数对应的二进制位不相同时，则对应位按位异或运算的结果为1，否则为0
~	按位取反	每个二进制位取反，即把1变为0，把0变为1

3. 比较运算符

比较运算结果为布尔值（True或False），比较运算符见表1-5-3。

表1-5-3 比较运算符

运算符	名 称	说 明
<	小于	x<y；返回x是否小于y。若为真返回True，为假返回False
>	大于	x>y；返回x是否大于y
<=	小于或等于	x<=y返回x是否小于或等于y
>=	大于或等于	x>=y返回x是否大于或等于y

续表

运算符	名 称	说 明
==	等于	x==y；比较x和y是否相等
!=	不等于	x!=y；比较x和y是否不相等

4. 逻辑运算符

逻辑运算符有三种：and、or、not（三者都是关键字），也就是与、或、非，见表1-5-4。

表1-5-4 逻辑运算符

运算符	名 称	说 明
not	布尔"非"	not x；如果x为True，返回False，否则返回True
and	布尔"与"	x and y；x，y都为True，返回True，否则返回False
or	布尔"或"	x or y；x或y至少一个为True，返回True，否则返回False

5. 赋值运算符

算术运算符和简单的赋值运算符"="结合可构成复杂的赋值运算符，见表1-5-5。

表1-5-5 赋值运算符

运算符	名 称	说 明
=	简单的赋值运算符	c=10；将10赋值给c
+=	加法赋值运算符	c+=a等价于c=c+a
-=	减法赋值运算符	c-=a等价于c=c-a
*=	乘法赋值运算符	c*=a等价于c=c*a
/=	除法赋值运算符	c/=a等价于c=c/a
%=	取模赋值运算符	c%=a等价于c=c%a
**=	幂赋值运算符	c**=a等价于c=c**a
//=	取整除赋值运算符	c//=a等价于c=c//a

四、条件判断和循环

1. if语句

if语句用来判断当某个条件成立（非0或为True）时，执行下一条语句。常与else一起使用，表示除if判断条件之外的其他情况。

句式：

```
if condition1:
    statement_block_1
```

```
elif condition2:
    statement_block_2
else:
    statement_block_3
```

示例：
```
a=8
if a>10:
    print('a>10')
elif 5<=a<=10:
    print('5<=a<=10')
else:
    print('a<5')
```

输出：
```
5<=a<=10
```

注意：由于MicroPython严格的缩进格式，为避免出错，最好用空格键进行缩进。

2. while语句

while语句用于循环执行程序，即在某条件下，循环执行某段程序。

句式：
```
while condition:
    statements
else:
    statements
```

示例：
```
a=3
while a:
    print(a)
    a-=1
else:
    print('遍历完毕')
```

输出：
```
3
2
1
遍历完毕
```

3. for语句

for语句用于循环执行程序，并按序列中的项目（一个列表或一个字符串）顺序迭代。for语句可以单独使用，也可以结合else子句。与if语句不同，只有当for遍历成功后，才会执行else中的语句。

句式：
```
for variable in iterable:
    statements
else:
    statements
```

示例：
```
sites = ["Baidu", "Google","Jingdong","Taobao"]
for site in sites:
    print(site)
    if site=='Jingdong':
        break
else:
    print('遍历完毕')
```

输出：
```
Baidu
Google
Jingdong
```

4. break语句和continue语句

break语句用于跳出最近的for或while循环。

continue语句表示继续执行循环的下一次迭代。二者程序示例见表1-5-6。

表1-5-6 程序示例

语句名称	break	Continue

程序示例	`n = 5`
	`while n:`
	`    n -= 1`
	`    if n == 2:`
	`        break`
	`    print(n)`
	`print('循环结束。')`
		`n = 5`
		`while n:`
		`    n -= 1`
		`    if n == 2:`
		`        continue`
		`    print(n)`
		`print('循环结束。')`

执行结果	4 3 循环结束。	4 3 1 0 循环结束。

比较上面的执行结果可以发现：

break将整个循环中止了，剩余的循环不再执行；

continue提前结束本次循环，后面的代码不再执行，直接进入下一次循环。

5. pass语句

pass语句表示空语句，不做任何事情，一般用作占位语句，用来保持程序结构的完整性。

示例:
```
>>> def func():
        pass

>>> func()
>>>
```

五、函数

函数即将一段代码封装起来,用来实现特定的功能。

1. 函数定义

除了MicroPython内建的函数,用户也可以使用def语句自定义函数。定义格式如下:

```
def 函数名([参数]):
    # 内部代码
    return 表达式
```

函数可以接收输入的值,并利用这些值做一些事。多个参数传递需要用逗号隔开。

示例:
```
>>> def fun(a, b, c):
        return a + b + c
```

2. 函数调用

函数定义完成后,使用函数名来调用函数,从而使用其功能。

```
>>> fun(5, 2, 1)
8
```

3. 默认值参数

在函数定义时,还可以给某个参数提供一个默认值。在调用时,可以传递一个自定义的值,也可以不传参,即使用默认值。

示例:
```
>>> def fun(a=2, b=3):
        return a ** b

>>> fun()
8
```

4. return语句

return语句用来退出一个函数,也可以使用return语句从函数返回一个值,并且这个值可以赋给其他变量。

如果return语句没有返回值,等价于return None,表示无返回值。如果函数中没有明确指定return语句,都在结尾暗含有return None语句。

5. lambda表达式

lambda表达式可以返回一个函数。使用lambda表达式可明显减少函数数量。定义格式如下:

```
lambda <参数1, 参数2,…> : <表达式>
```

6. 全局变量

定义在整个文件中但在函数外部,作用域为全局范围的变量称为全局变量。

如果需要在函数内使用全局变量,同时又为全局变量赋值,则使用global关键字来实现。

示例:

```
>>> x = 0
>>> def aaa():
    global x
    x=5
    print(x)

>>> x
0
>>> aaa()
5
>>> x
5
```

7. 局部变量

在函数定义内声明的变量,只在当前函数内有效,即使函数外有同名变量存在,也没有任何关系,这样的变量称为局部变量。

示例:

```
>>> def bbb():
    x = 88
    print(x)

>>> x
5
>>> bbb()
88
>>> x
5
```

六、模块

前面学习了如何使用函数,通过函数能够在程序中实现代码的重用,那么当需要在程序中重用其他程序内的代码，应该怎么办？

可以通过模块来调用。通过在程序中引用模块，就可以使用其中的函数和变量，这也是使用Python标准库的方法。

在模块中，模块的名称（作为字符串）可用作全局变量值name。

1. import语句

MicroPython中要引入模块，使用import语句，格式如下：

```
import <模块名>
```

注意：如果是直接引入模块，在使用模块中函数或属性（常量、变量）时一定要指出函数或属性的所属模块。格式为：<模块名>.<函数或属性>，否则会出错。

示例：

```
>>> import random
>>> random.random()
0.3998975591888069
```

2. from…import语句

如果只想引入模块中的某个函数或属性，使用from…import语句，格式如下：

```
from <模块名> import <函数名或变量名>
```

示例：

```
>>> from random import randint
>>> randint(0,10)
5
```

在使用from…import语句从模块中引入函数时，为避免冲突和便于理解，可以使用as语句给引入的函数换个名字，格式如下：

```
from <模块名> import <函数名或变量名> as <自定义名>
```

示例：

```
>>> from random import randint as ri
>>> ri(0,10)
3
```

七、类

类是用来描述具有相同的属性和方法的对象的集合。它定义了该集合中每个对象所共有的属性和方法。

1. 类定义

类定义格式如下：

```
class 类名：
```

```
        def 函数名(self, [参数]):
            # 内部代码
            return 表达式
        ...
```

示例:
```
class Car:

    def __init__(self, person, color, seats):
        self.person = person
        self.color = color
        self.seats = seats

    def say(self):
        a = 2
        print(f'{self.person}的汽车是{self.color}, 共有{self.seats}个座位')

    def get_color(self):
        return self.color

    def set_color(self, color):
        self.color = color
```

2. 类实例化

如上例所示，Car是一个类，指向内存地址；而Car()是执行，是对类的实例化。若使用参数，在实例化时需要将参数传入。

```
mycar = Car('小明', '红色', '4')
```

3. 构造方法

构造方法是类中的一个特殊的实例方法，名字固定为"__init__"，会在类实例化时首先完成，可以理解为初始化。实例化时传入的参数都会被送入构造方法。格式如下：

```
def __init__(self,...):
    代码块
```

所有的实例方法，包括构造方法，都必须接收一个self参数，表示实例对象本身。

实例属性必须以 self.变量的形式表示，例如self.color，self.position等。

4. 实例方法

实例方法是类中的功能函数，可以是内部调用的，也可以对外开放。若实例方法无法满足需求，可以继承重写。格式如下：

```
def name(self,...):
    代码块
```

除了self参数外，实例方法还可以添加其他额外参数。但要注意，这些额外参数并没有在实例化时传入，所以在调用实例方法时，还需将额外的参数传入进去。

5. 类的继承

继承机制经常用于创建和现有类功能类似的新类，又或是新类只需要在现有类基础上添加或修改一些属性或方法，但又不想直接将现有类代码复制给新类。也就是说，通过使用继承这种机制，可以轻松实现类的重复使用。格式如下：

```
class Parent :
    pass


class Child(Parent):
    pass
```

① 子类可以直接调用父类属性和方法。
② 子类可以定义新的属性和方法。
③ 子类可以定义父类原有的属性和方法，重写。

第二篇 项目迎战

学习目标

知识目标

① 了解智能微型运动装置的软硬件开发环境。

② 了解智能微型运动装置与传感器和执行器的连接方式。

③ 掌握TQD-Micromouse JQ3读取传感器数据的方法。

④ 掌握TQD-Micromouse JQ3控制执行器动作的方法。

能力目标

① 能够使用GPIO读取数据。

② 能够控制GPIO进行高电平、低电平和PWM输出。

③ 能够完成一个自动化系统，实现TQD-Micromouse JQ3循迹运行。

素质目标

① 具有创新精神、自觉学习、不断提高业务水平的态度。

② 具有探究学习、终身学习和可持续发展的能力。

③ 具有整合知识、综合运用知识分析问题和解决问题的能力。

任务一 学习开发环境搭建

在进行实验之前，需要首先搭建开发环境，包括硬件开发准备和软件开发环境两部分。

任务导图

- 学习开发环境搭建
  - 硬件开发环境准备
    - 项目任务实验
    - 项目实战实验
  - 软件开发环境搭建
    - 开发软件部署
    - 烧录MicroPython固件
    - 程序编写下载

一、硬件开发环境准备

本书的实验分为两种：第一种是使用核心主控板、扩展板和检测/执行模块组成的项目任务实验；第二种是使用TQD-Micromouse JQ3搭配检测/执行模块组成的项目实战实验。不同的实验使用的元器件也不尽相同。因此在开始实验之前，需要先将元器件准备齐全。

1. 项目任务实验

除电动机驱动实验外，其他实验都是使用杜邦线连接扩展板与检测/执行模块，为了方便操作，推荐将安装有核心主控板的扩展板从机器人上拆卸下来。在进行电动机驱动实验和项目实战实验时再将扩展板安装到机器人上。除了ESP32核心主控板外，各项目任务实验使用的传感器和执行器见表2-1-1、元器件实物见表2-1-2。

表2-1-1　各项目任务实验使用的传感器和执行器

实验名	传感器	执行器	其 他
三色LED循环显示	无	三色LED模块	无
OLED信息显示	无	OLED模块	无
超声波检测	超声波模块	OLED模块	无
环境信息检测	温湿度模块、光敏模块	无	无
酒精检测	酒精模块	无	无
NFC识别	NFC模块	无	IC卡
驱动控制	无	无	TQD-Micromouse JQ3
直行控制	无	无	TQD-Micromouse JQ3
循迹控制	无	无	TQD-Micromouse JQ3
远程控制	无	无	TQD-Micromouse JQ3
Wi-Fi摄像头应用	无	无	ESP32-CAM

表2-1-2　元器件实物

三色LED模块	OLED模块	超声波模块
温湿度模块	光敏模块	酒精模块
NFC模块	循迹模块	ESP32-CAM模块

2. 项目实战实验

本书"第三篇 项目实战"将带领读者使用TQD-Micromouse JQ3搭配检测/执行模块完成一个完整的项目实战实验。功能包括信息检测、循迹运行和远程监控，除TQD-Micromouse JQ3外，其他使用的元器件见表2-1-3。

表2-1-3　元器件清单

项　　目	传感器	执行器	其他
功能一 信息检测	温湿度模块、NFC模块	无	ESP32-CAM、手机APP、循迹场地
功能二 循迹运行	循迹模块	无	
功能三 远程监控	无	无	

二、软件开发环境搭建

本书采用MicroPython作为首选开发语言，因此这里仅进行MicroPython相关环境的搭建。有关Arduino的环境搭建在"任务十 视频监控"进行介绍。

1. 开发软件部署

推荐使用Thonny软件进行MicroPython编程。Thonny免费，支持中文，具有以下特点：

① 多版本，Thonny有Windows、Mac、Linux和树莓派等各平台版本。

② 内置Python解释器，安装后即可直接使用，同时支持调用本地其他版本

解释器。

③简单的调试器,支持逐步运行程序,方便排查错误。

④高亮显示错误,包括语法错误和调用错误。

⑤代码补全,提高编程效率。

Thonny软件安装包,请自行在搜索引擎中搜索获得。

(1)Thonny安装

Thonny的安装过程与普通软件相似,选择合适的安装目录,直接安装即可,如图2-1-1所示。

图2-1-1　安装目录

(2)Thonny使用

Thonny安装完成后,在"开始"菜单中将其找到,单击启动Thonny。Thonny主界面如图2-1-2所示。

图2-1-2　Thonny主界面

图2-1-2中:

标号1:菜单栏和工具栏。

标号2:文件显示区,显示当前工作目录中的内容。

标号3：代码编辑区，程序的编写都在这里进行。

标号4：系统Shell，调试信息、输出信息和错误信息都在这里显示。

标号5：右侧边栏，可以自定义显示的内容，如变量、绘图等。

标号6：解释器选择，如图2-1-3所示。Thonny内置Python解释器，如果需要使用本地解释器，或连接ESP32，均通过这里选择。

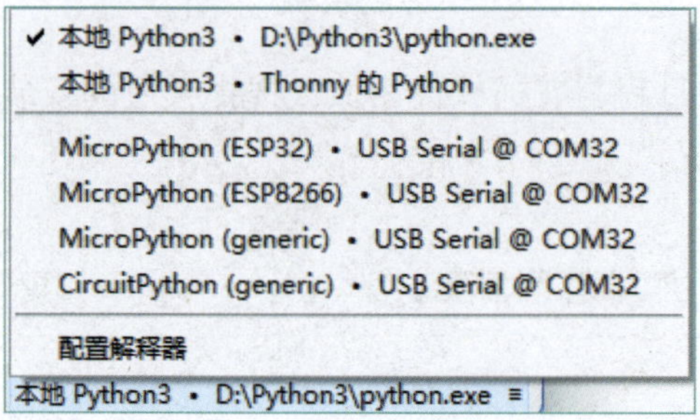

图2-1-3　解释器选择

2. 烧录MicroPython固件

TQD-Micromouse JQ3的核心主控板出厂时仅设置了Arduino编程，若进行MicroPython编程，需要烧录MicroPython固件。

（1）下载固件

目前最新版固件是2023年04月26日发布的v1.20.0，如图2-1-4所示。可以选择最新版固件也可以选择较稳定的v1.19.1。需要注意的是，本书所有例程均基于v1.19.1版本固件。

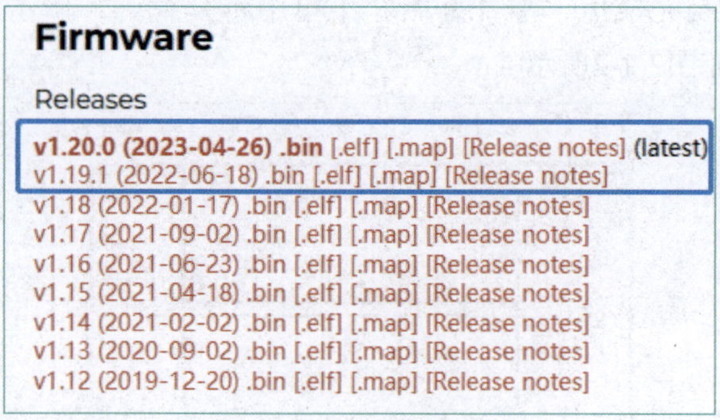

图2-1-4　固件版本

固件下载网址，请自行在搜索引擎中搜索获得。

（2）安装烧录工具

向ESP32核心主控板中烧录固件，需要使用烧录工具ESP-IDF，如图2-1-5所示。

和普通软件相同，选择合适的目录，直接安装即可。安装完成后会在桌面生成两个快捷方式，如图2-1-6所示。两个快捷方式中，前者是在PowerShell中运行命令，后者是在CMD中运行命令。

ESP-IDF下载网址，请自行在搜索引擎中搜索获得。

图2-1-5　下载ESP-IDF

图2-1-6　ESP-IDF快捷方式

（3）烧录固件

本书选择在PowerShell中运行命令，双击ESP-IDF 5.0 PowerShell图标，将自动进入ESP-IDF的安装目录，并进行相应的环境配置，可以在终端中看到如下输出：

```
Setting PYTHONNOUSERSITE,
......
Adding ESP-IDF tools to PATH...
......
Done! You can now compile ESP-IDF projects.
Go to the project directory and run:
idf.py build
PS E:\Espressif\frameworks\esp-idf-v5.0.1>
```

将核心主控板使用USB线连接到计算机上，如图2-1-7所示。查看使用的端口号，如图2-1-8所示。

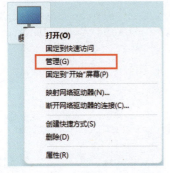

图2-1-7　打开设备管理器

图2-1-8　查看使用的端口号

若相似设备比较多，可以通过插拔USB来确定。

首先擦除芯片flash，擦除命令：

```
esptool.py --chip esp32 --port COM32 erase_flash
```

注意：命令中的空格不能丢失；端口号COM32替换为自己实际的端口号。

运行命令后，终端将输出以下信息：

```
PS E:\Espressif\frameworks\esp-idf-v5.0.1> esptool.py --chip esp32 --port COM32 erase_flash
esptool.py v4.5.1
Serial port COM32
Connecting.....
Chip is ESP32-D0WDQ6 (revision v1.0)
Features: WiFi, BT, Dual Core, 240MHz, VRef calibration in efuse, Coding Scheme None
Crystal is 40MHz
MAC: 3c:61:05:64:43:74
Uploading stub...
Running stub...
Stub running...
Erasing flash (this may take a while)...
Chip erase completed successfully in 13.8s
Hard resetting via RTS pin...
PS E:\Espressif\frameworks\esp-idf-v5.0.1>
```

接下来进行固件烧录，烧录命令：

```
esptool.py --chip esp32 --port COM32 write_flash -z 0x1000 esp32-20220618-v1.19.1
```

注意：命令中的空格不能丢失；端口号COM32替换为自己实际的端口号。

esp32-20220618-v1.19.1是下载的固件在本地的路径，请注意补全，如本例中的C:\Users\Admin\Desktop\esp32-20220618-v1.19.1.bin

运行命令后，终端将输出以下信息：

```
PS E:\Espressif\frameworks\esp-idf-v5.0.1> esptool.py --chip esp32 --port COM32 write_flash -z 0x1000 C:\Users\Admin\Desktop\esp32-20220618-v1.19.1.bin
esptool.py v4.5.1
Serial port COM32
Connecting......
Chip is ESP32-D0WDQ6 (revision v1.0)
Features: WiFi, BT, Dual Core, 240MHz, VRef calibration in efuse, Coding Scheme None
Crystal is 40MHz
MAC: 3c:61:05:64:43:74
```

```
Uploading stub...
Running stub...
Stub running...
Configuring flash size...
Flash will be erased from 0x00001000 to 0x0017efff...
Compressed 1560976 bytes to 1029132...
Wrote 1560976 bytes (1029132 compressed) at 0x00001000 in 90.9 seconds (effective 137.4 kbit/s)...
Hash of data verified.
Leaving...
Hard resetting via RTS pin...
PS E:\Espressif\frameworks\esp-idf-v5.0.1>
```

3. 程序编写下载

MicroPython固件烧录完毕后，核心主控板就可以进行MicroPython编程了。启动Thonny，选择ESP32中的MicroPython解释器，如图2-1-9所示，Shell窗口中将显示系统响应信息，如图2-1-10所示。

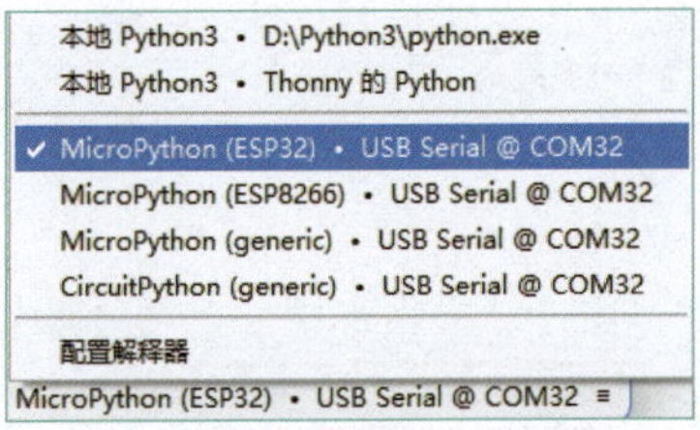

图2-1-9　选择MicroPython(ESP32)解释器 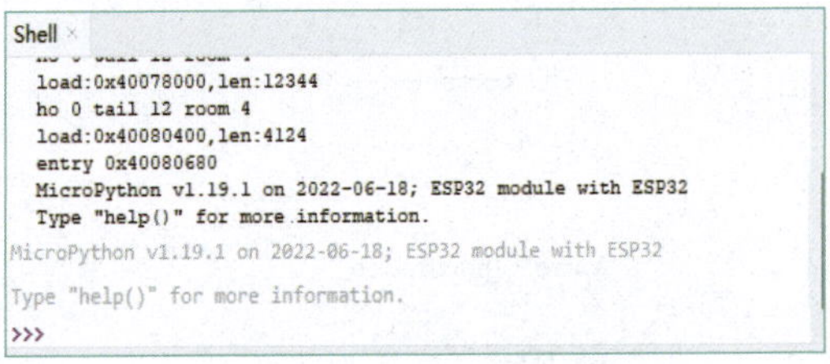　　　图2-1-10　Shell信息反馈

（1）Shell编程

直接在Shell中编写代码，与在计算机上的Python Shell中编写代码完全相同，按【Enter】键后就可以得到结果。

```
>>> 3+2
5
>>> print('Hello MicroPython')
Hello MicroPython
>>>
```

（2）文件编程

在代码编辑区编辑代码后，应先单击"保存"按钮，否则单击"运行"按钮时，程序仅仅是临时运行，并没有保存到本地计算机或核心主控板中，如图2-1-11所示。

单击"保存"按钮，会弹出对话框，用于选择保存的位置，如图2-1-12所示，对于进行MicroPython开发，建议直接保存在MicroPython device中，即核心主控板中，如图2-1-13所示。

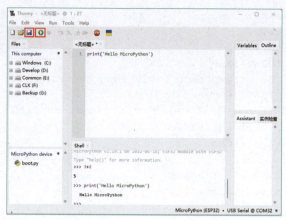

图2-1-11 文件编程

图2-1-12 位置选择

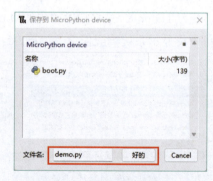

图2-1-13 保存实例程序

单击"运行"按钮，运行程序，Shell中将输出运行结果，如图2-1-14所示。

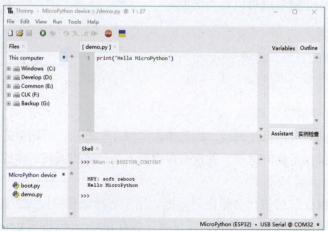

图2-1-14 运行程序

（3）文件系统

每次运行程序的时候，都通过Thonny软件单击"运行"按钮是非常不方便的。核心主控板的文件系统提供了一个便捷的方法运行程序。

MicroPython固件烧录完毕后，文件系统中默认仅包含一个boot.py文件，如图2-1-15所示。

ESP32核心主控板启动时会首先扫描文件系统中的文件和目录。

因此常将boot.py用作启动配置文件，将main.py用作开机自启的程序文件。文件系统启动流程图如图2-1-16所示。

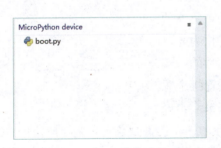

图2-1-15　核心主控板文件系统

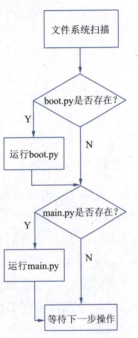

图2-1-16　文件系统启动流程图

除此之外，文件系统还支持lib目录，lib目录用于存储第三方库。

在运行MicroPython程序时，若导入的库不是内置库，MicroPython解释器首先在当前目录中寻找对应模块，若没有找到，会在文件系统lib目录中查找，如图2-1-17所示。若还未找到，将抛出错误。

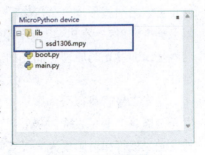

图2-1-17　lib目录

任务二　状态指示

任务导图

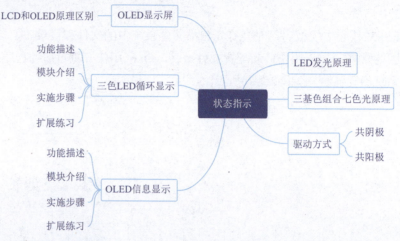

- LCD和OLED原理区别 — OLED显示屏
- 三色LED循环显示
  - 功能描述
  - 模块介绍
  - 实施步骤
  - 扩展练习
- OLED信息显示
  - 功能描述
  - 模块介绍
  - 实施步骤
  - 扩展练习
- 状态指示
  - LED发光原理
  - 三基色组合七色光原理
  - 驱动方式
    - 共阴极
    - 共阳极

一、LED发光原理

LED（light emitting diode，发光二极管）如图2-2-1所示，是一种能够将电能转化为可见光的固态的半导体器件，它可以直接把电转化为光。LED的"心脏"是一个半导体晶片，晶片的一端附在一个支架上，一端是负极，另一端连接电源的正极，使整个晶片被环氧树脂封装起来。半导体晶片由两部分组成：一部分是P型半导体，在它里面空穴占主导地位；另一部分是N型半导体，在它里面主要是自由电子。这两种半导体连接起来的时候，它们之间就形成一个PN结。当电流通过导线作用于这个晶片的时候，电子就会被推向P区，在P区里电子跟空穴复合，然后就会以光子的形式发出能量，这就是LED发光的原理。而光的波长也就是光的颜色，是由形成PN结的材料决定的。

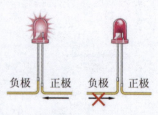

图2-2-1　LED

发光二极管可以分为普通单色发光二极管、高亮度发光二极管、超高亮度发光二极管、变色发光二极管、闪烁发光二极管、电压控制型发光二极管、红外发光二极管和负阻发光二极管等。

LED的控制模式有恒流和恒压两种，有多种调光方式，比如模拟调光和PWM调光。大多数的LED都采用的是恒流控制，这样可以保持LED电流的稳定，延长LED灯具的使用寿命。

二、三基色组合七色光原理

RGB色彩模式包含红绿蓝三种，通过控制红（R）、绿（G）、蓝（B）三种颜色的变化使其相互叠加产生花式颜色，如图2-2-2所示。而其颜色值的输出是通过PWM来控制的。RGB三基色按照不同的比例相加合成混色称为相加混色，除相加混色之外还有相减混色，见表2-2-1。

图2-2-2　三基色

表2-2-1　颜色混合

颜色	红	黄	绿	青	蓝	紫	白
混合方式	红	红+绿	绿	绿+蓝	蓝	红+蓝	红+绿+蓝

三、驱动方式

LED共阴极指的是LED共同的接点是GND（接地），而共阳极指的是LED共同的接点是电源，如图2-2-3所示。LED亮灯的条件是两端有电势差。

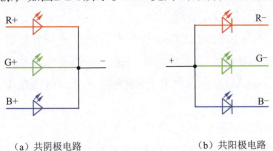

（a）共阴极电路　　　　　　（b）共阳极电路

图2-2-3　LED驱动电路

1. 共阴极

① 当LED一端接入5 V电源的时候，与另一端产生电势差，因此会有电流从正极流到GND，会亮灯。

② 当LED一端接入0 V的时候，则不会产生电势差，也就不会亮灯。

优点：符合人类的正向思维，送电ON就是开，OFF就是关。

2. 共阳极

① 当LED一端接入5 V电源的时候，不会产生电势差，因此不会亮灯。

② 当LED一端接入0 V的时候，会产生电势差，电流会从5 V端流经LED到0 V端，会亮灯。

四、OLED显示屏

OLED（organic light-emitting diode，有机发光二极管）显示器是由OLED和相应的电子电路组成的直显型视频显示设备，是近年来在中、小型视频显示设备中发展迅速的品种。OLED可分为被动矩阵显示和主动矩阵显示两种方式。

在被动矩阵显示OLED（简称PM-OLED）中，ITO玻璃和金属电极都是平行的电极条，二者相互正交，在交叉处形成发光二极管（LED），LED逐行点亮，形成一帧可视图像。由于每一行的显示时间都非常短，要达到正常的图像亮度，每一行的LED亮度都要足够高。

在主动矩阵显示OLED（简称AM-OLED）中，采用的是薄膜晶体管阵列（即TFT阵列），它先在玻璃衬底上制作CMOS多晶硅，发光层制作在TFT之上。驱动电路完成两个任务：一是提供受控电流以驱动OLED，二是在寻址之后继续提供电流，以保证各像素继续发光。与PM-OLED不同的是，AM-OLED的各个像素是同时发光的，这样一来单个像素发光强度的要求就降低了，电压也得以下降，这就意味着AM-OLED的功耗比PM-OLED要低得多，适合于大面积图像显示，是今后OLED发展的方向。

OLED显示技术与传统的LCD显示方式不同，无须背光灯，采用非常薄的有机材料涂层和玻璃基板（或柔性有机基板），当有电流通过时，这些有机材料就会发光。而且OLED显示屏可以做得更轻更薄，可视角度更大，并且能够显著节省电量。

LCD和OLED原理区别：

分别从搭载LCD背光技术的屏幕和OLED屏幕中各取出一个像素点来从侧面给它们切开，如图2-2-4所示。

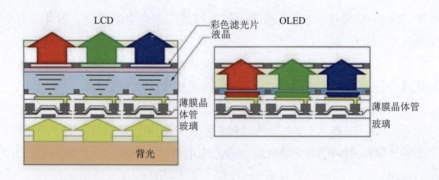

图2-2-4　LCD与OLED

（1）LCD原理

一共七层，只需要了解其中的三层：

最下层：是一个可以发射白光的LED背光灯（一整块，面积同手机屏幕一样大）。

中间层：是一个会随着电压大小而改变开合程度的液晶层（可以想象成百叶窗，倾斜程度决定遮光度）。

最上层：是一个彩色滤光层（滤光效果类似五颜六色的糖果纸）。

LCD的原理就是利用电压控制"百叶窗"的开合程度，从而调节背板白光照射到彩色滤光层（红、绿、蓝）中三种颜色的比例大小，进而呈现出不同明暗色彩的画面。

（2）OLED原理

OLED比较简单，只有三层，从上到下依次为负极电路、有机发光二极管、正极电路。

OLED的特点：没有背光层、液晶层，且每个像素点都可以独立开关、独立发光（电压越大越亮）。

LCD和OLED区别见表2-2-2。

表2-2-2　LCD和OLED区别

项　　目	LCD	OLED
原理	白色背光+彩色滤光片	自发光
频闪	否	是
色彩	自然	鲜艳
使用寿命	长	相对较短
屏幕厚度	厚	薄
柔韧度	不可折叠	可折叠
与新技术的适配度	弱	强
烧屏风险	低	高
蓝光	多	少

五、三色LED循环显示

1. 功能描述

驱动三色LED以红、绿、蓝的顺序进行循环亮灭，每次颜色持续时间为1 s。

2. 模块介绍

三色LED模块如图2-2-5所示。

图2-2-5　三色LED模块

对于核心主控板来说，三色LED需要输入信号，来控制它的亮灭，所以三色LED属于执行器。对于运行方式可以将它当成三个不同颜色的单色LED摆放在一起，且分别由不同的电路控制，当该电路处于高电平时，其相对应LED就会显示相应的颜色。

3. 实施步骤

（1）流程图

在运行相应程序后，三色LED模块以红、绿、蓝的顺序依次循环完成亮灭，如图2-2-6所示。

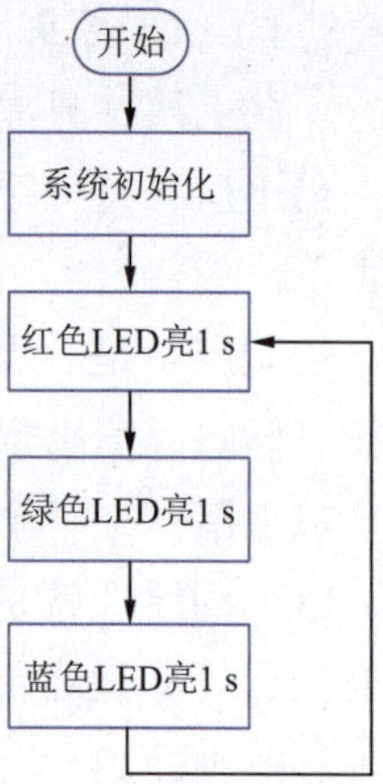

图2-2-6　三色LED亮灭流程图

（2）硬件连接

实现三色LED自动循环显示需要用到的设备见表2-2-3。

表2-2-3　设备清单

序号	元器件	数量
1	核心主控板	1
2	三色LED模块	1
3	Thonny开发环境	1
4	安卓数据线	1

硬件连接图如图2-2-7所示。

图2-2-7　硬件连接图

三色LED模块引脚连接表见表2-2-4。

表2-2-4　三色LED模块引脚连接表

序号	控制器模块引脚	三色LED模块引脚	作用
1	GND	GND	接地
2	GPIO18	B	蓝

续表

序号	控制器模块引脚	三色LED模块引脚	作用
3	GPIO17	G	绿
4	GPIO16	R	红

按照图2-2-7、表2-2-4连接相应的引脚。

（3）程序编写

在程序中用到的模块主要有两个：machine和time。

① Pin类。machine模块中的Pin类提供了对IO的控制：

```
def __init__(self, id: Any, mode: int = -1, pull: int = -1, *,
             value: Optional[int] = None,
             drive: Optional[int] = None,
             alt: Optional[int] = None) -> None  # 构造Pin对象
def on(self) -> None   # 设置Pin对象输出高电平
def off(self) -> None  # 设置Pin对象输出低电平
```

② time模块。time模块提供延时的支持：

```
def sleep(Any:int) -> None  # 延时指定的时间，单位秒
```

③ 三色LED自循环：

```
from machine import Pin
import time

id_red = 16
id_green = 17
id_blue = 18

pin_red = Pin(id_red, Pin.OUT)
pin_green = Pin(id_green, Pin.OUT)
pin_blue = Pin(id_blue, Pin.OUT)

def pins_off():
    pin_red.off()
    pin_green.off()
    pin_blue.off()

while 1:
    pins_off()
    pin_red.on()
    time.sleep(1)

    pins_off()
    pin_green.on()
    time.sleep(1)
```

```
pins_off()
pin_blue.on()
time.sleep(1)
```

（4）下载运行

将程序下载到核心主控板中，运行程序，如图2-2-8所示。

三色LED循环显示视频，请扫描二维码查看。

● 视频
三色LED循环显示

图2-2-8　实物演示图

4. 扩展练习

请读者自行添加按键模块实现三色LED的颜色控制。

思考一下，如何实现红、绿、蓝以外颜色？

六、OLED信息显示

1. 功能描述

驱动OLED显示模块显示不同的数据。

2. 模块介绍

OLED显示模块如图2-2-9所示。

模块特点：

① 高分辨率：128×64像素。

② 超广可视角度：大于160°。

③ 超低功耗：正常显示时为0.04 W。

④ 宽供电范围：直流3.3～5 V。

⑤ 工业级：工作温度范围为-30～70 ℃。

⑥ 尺寸小：28.65 mm×27.8 mm。

⑦ 通信方式：I2C。

⑧ 亮度、对比度可以通过程序指令控制。

⑨ 使用寿命不少于16 000 h。

图2-2-9　OLED显示模块

OLED模块使用SSD1306作为内部驱动芯片，需要控制器来对它进行信号输入，来控制数据信息的显示，所以OLED模块属于执行器。

OLED模块需要控制器来对它进行信号输入，来控制数据信息的显示，所以OLED模块属于执行器。

OLED又称有机电激光显示，本身就有着自发光的特性，采用非常薄的有机材料涂层和玻璃基板，有电流通过时这些有机材料就会发光，可以显示汉字、ASCII码、图案等。

3. 实施步骤

（1）流程图

调用ssd1306驱动库，在OLED中显示文本，如图2-2-10所示。

图2-2-10　OLED信息显示流程图

（2）硬件连接

实现OLED信息显示需要用到的设备见表2-2-5。

表2-2-5　设备清单

序号	元器件	数量
1	核心主控板	1
2	OLED模块	1
3	Thonny开发环境	1
4	安卓数据线	1

硬件连接图如图2-2-11所示。

图2-2-11　硬件连接图

OLED模块引脚连接见表2-2-6。

表2-2-6　OLED模块引脚连接

序号	控制器模块引脚	OLED模块引脚	作用
1	GND	GND	接地
2	VCC	VCC	电源
3	GPIO22	SCL	时钟信号
4	GPIO21	SDA	双向数据信号

（3）程序编写

在程序中用到的模块除了machine外，还需要使用ssd1306模块。

① I2C类。machine模块中的I2C类提供I2C通信的功能：

```
def __init__(self, id: int,
                    scl: Pin = None,
                    sda: Pin = None,
                    freq:int=400000) -> None  # 构造I2C对象
```

② ssd1306模块：

ssd1306模块中的SSD1306_I2C类提供了以I2C方式控制OLED的方式：

```
def __init__(self,width,height,i2c,addr=0x3c,external_vcc=False) -> None      # 构造对象
def fill(self,color:int)->None
                # 绘制全屏像素的颜色,填充,对于单色屏,只有亮和灭
def text(self, string, x, y, color=1) -> None      # 绘制字符串
def show(self) -> None          # 更新显示
```

OLED上绘制数据后，都需要调用show()才能显示出来。

③ 显示数据：

```
import machine
from ssd1306 import SSD1306_I2C

i2c = machine.I2C(0, scl=machine.Pin(22), sda=machine.Pin(21), freq=4000)
oled = SSD1306_I2C(128, 64, i2c)
oled.fill(0)
oled.text('Hello world!', 20, 0)
oled.text('IP:192.168.1.124', 0, 10)
oled.show()
```

（4）下载运行

将程序下载到核心主控板中，运行程序，如图2-2-12所示。

图2-2-12 实物演示图

OLED信息显示视频,请扫描二维码查看。

4. 扩展练习

请读者尝试在OLED不同的位置显示自定义的内容。

思考一下,如何使用OLED与三色LED模块连接实时显示LED的颜色状态?

任务三 超声波测距

视 频

OLED信息显示

任务导图

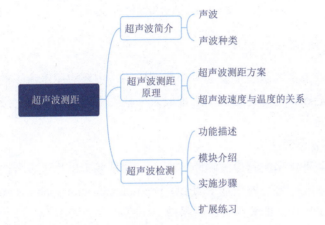

一、超声波简介

1. 声波

声音以声波的形式传播,它属于机械波。物体在空气或其他介质中产生振动,从而产生声波。

声波的传输必须依靠某种介质,在真空中是无法传输声波的。不同的介质,传输速度不同。声波不只有速度,它还有频率,就是物体在单位时间内的振动次数。我们听到的声音有的悦耳,有的低沉,有的尖锐刺耳,这是频率不同的原因。

因为声音的频率千差万别,所以声波是丰富多彩的。例如钢琴发声的频率范围是27.5~4 096 Hz、笛子发声的频率范围是300~16 000 Hz、男低音发声的频率范围是70~3 200 Hz、男高音发声的频率范围是80~4 500 Hz、话音信号频率为500~2 000 Hz。这些都是人类可以听见的声音。自然界中还存在很多人类"听不见"的声音。

2. 声波种类

根据声波频率的不同，可以分为以下几类，如图2-3-1所示。

频率低于20 Hz的声波称为次声波或超低声；

频率为20 Hz～20 kHz的声波称为可闻声；

频率为20 kHz～1 GHz的声波称为超声波；

频率大于1 GHz的声波称为特超声或微波超声。

超声波： ⟶ 频率超过20 kHz，超过人耳接收上限 ⟶ "听不见"

可闻声波： ⟶ 频率介于20 Hz到20 kHz之间，属于人耳接收范围 ⟶ "能听见"

图2-3-1　超声波与可闻声波

二、超声波测距原理

超声波测距系统是超声波的一个典型应用，主要应用于汽车的倒车雷达、机器人自动避障行走、建筑施工工地以及一些工业现场，例如：液位、井深、管道长度等场合。

1. 超声波测距方案

目前有两种常用的超声波测距方案：一种是基于单片机或者嵌入式设备的超声波测距系统；另一种是基于CPLD（complex programmable logic device，复杂可编程逻辑器件）的超声波测距系统。

如图2-3-2所示，实验采用第一种方案，利用嵌入式设备编程产生频率为40 kHz的方波，经过发射驱动电路放大，使超声波传感器发射端震荡，发射超声波。超声波遇到物体被反射，由传感器接收端接收，再经过接收电路放大、整形。当收到超声波的反射波时，接收电路输出端产生一个跳变。通过定时器计数，计算时间差，就可以计算出相应的距离。

超声波测距的原理是利用超声波在空气中的传播速度为已知，测量声波在发射后遇到障碍物反射回来的时间，根据发射和接收的时间差计算出发射点到障碍物的实际距离。首先，超声波发射器向某一方向发射超声波，在发射时刻开始计时，超声波在空气中传播，途中碰到障碍物就立即返回来，超声波接收器收到反射波就立即停止计时。超声波在空气中的传播速度c为340 m/s，根据计时器记录的时间t（s），就可以计算出发射点距障碍物的距离L，即$L=c \times t/2$。这就是所谓的时间差测距法。

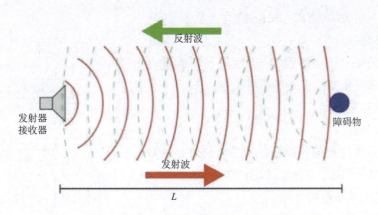

图2-3-2 超声波测距原理

2. 超声波速度与温度的关系

超声波也是一种声波,其声速c与温度有关,其关系见表2-3-1。在使用时,如果温度变化不大,则可认为声速是基本不变的。如果测距精度要求很高,则应通过温度补偿的方法加以校正。

表2-3-1 超声波声速与温度的关系

温度/℃	-30	-20	-10	0	10	20	30	100
声速/(m/s)	313	319	325	323	338	344	349	386

由于超声波易于定向发射、方向性好、强度易控制、与被测量物体不需要直接接触的优点,是作为倒车距离测量的理想选择。

三、超声波检测

1. 功能描述

使用超声波模块检测前方障碍物的距离,并在OLED模块中显示出来。

2. 模块介绍

超声波模块的型号是HC-SR04,如图2-3-3所示,其核心是两个超声波传感器。一个用作发射器,将电信号转换为40 kHz超声波脉冲;另一个用作接收器,监听发射的脉冲。如果接收到脉冲,接收器将产生一个输出脉冲,其宽度可用于确定脉冲传播的距离。

图2-3-3 超声波模块

当向Trig引脚施加一个10 μs的TTL信号时,超声波模块内部自动产生并发射八个40 kHz的脉冲。障碍物将超声波反射,当Echo引脚接收到反射回来的超声波时,将持续产生高电平,高电平持续的时间就是超声波从发射,经过反射,到被接收的总时间。

综上可知,距离=Echo持续产生高电平时间×340/2。

本任务中还会用到OLED模块,在前面的任务中已经介绍过,这里不再赘述。

3. 实施步骤

(1)流程图

超声波检测前方挡板的距离,并在OLED模块中显示出来,流程图如图2-3-4所示。

(2)硬件连接

实现超声波测距实验需要用到的设备见表2-3-2。

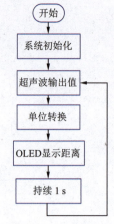

图2-3-4 超声波检测流程图

表2-3-2 设备清单

序 号	元器件	数 量
1	核心主控板	1
2	超声波模块	1
3	OLED模块	1
4	Thonny开发环境	1
5	安卓数据线	1

硬件连接图如图2-3-5所示。

图2-3-5 硬件连接图

超声波模块引脚连接表见表2-3-3。

表2-3-3 超声波模块引脚连接表

序 号	控制器模块引脚	超声波模块引脚	作 用
1	GND	GND	接地
2	VCC	VCC	电源
3	GPIO18	Trig	触发信号输入
4	GPIO19	Echo	回声输出

OLED模块引脚连接表见表2-3-4。

表2-3-4　OLED模块引脚连接表

序号	控制器模块引脚	OLED模块引脚	作用
1	GND	GND	接地
2	VCC	VCC	电源
3	GPIO22	CLK	时钟信号
4	GPIO21	SDA	双向数据信号

（3）程序编写

```
from machine import Pin, I2C
import time
from ssd1306 import SSD1306_I2C

i2c = I2C(0, scl=Pin(22), sda=Pin(21), freq=4000)
oled = SSD1306_I2C(128, 64, i2c)
oled.fill(0)

id_trig = 18
id_echo = 19

pin_trig = Pin(id_trig, Pin.OUT)
pin_echo = Pin(id_echo, Pin.IN, Pin.PULL_DOWN)

while 1:
    pin_trig.on()
    time.sleep(0.00001)
    pin_trig.off()

    while not pin_echo.value():
        pass
    before = time.time_ns()

    while pin_echo.value():
        pass
    after = time.time_ns()

    cost = (after - before)/(10**9)
    distance = cost*340/2*100

    oled.fill(0)
    oled.text('Distance:{:.2f}cm'.format(distance), 0, 0)
    oled.show()

    time.sleep(1)
```

（4）下载运行

将程序下载到核心控制板中，运行程序，如图2-3-6、图2-3-7所示。

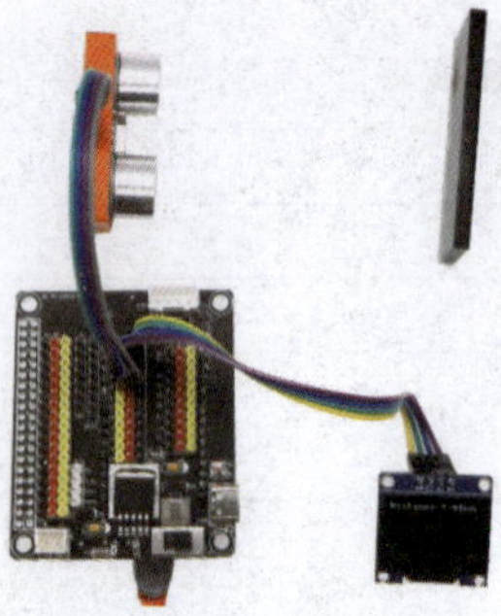

图2-3-6 实物效果图近距 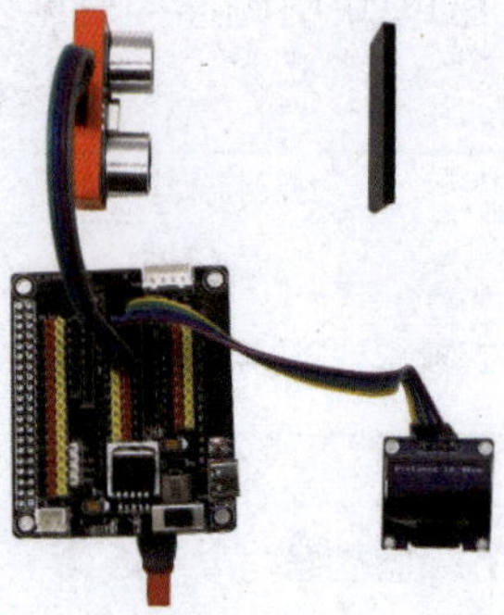　　　　　图2-3-7 实物效果图远距

超声波测距视频，请扫描二维码查看。

4. 扩展练习

请读者尝试添加三色LED模块，实现超声波测距并报警。例如，测距小于5 cm时，OLED模块显示报警字样，且三色LED亮红色。

思考一下，如果将超声波测距并报警当作一个系统，那如何使用按键控制系统的开启和关闭？

任务四　环境信息检测

任务导图

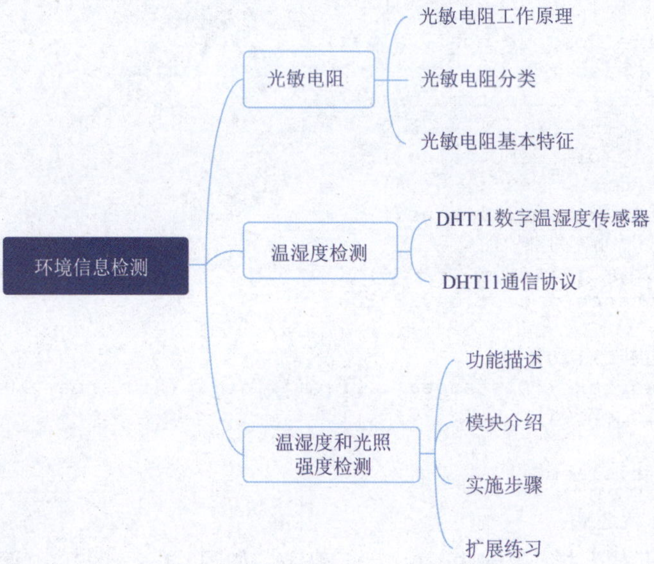

```
                          ┌─ 光敏电阻工作原理
              ┌─ 光敏电阻 ─┼─ 光敏电阻分类
              │           └─ 光敏电阻基本特征
              │
              │              ┌─ DHT11数字温湿度传感器
环境信息检测 ─┼─ 温湿度检测 ─┤
              │              └─ DHT11通信协议
              │
              │                    ┌─ 功能描述
              │                    ├─ 模块介绍
              └─ 温湿度和光照 ─────┤
                  强度检测         ├─ 实施步骤
                                   └─ 扩展练习
```

视　频
超声波测距

一、光敏电阻

光敏电阻,顾名思义,它的阻值是随着光照的强、弱变化而变化的一种电阻,如图2-4-1所示。它在光线的作用下,其阻值往往变小,这种现象称为光导效应,因此,光敏电阻又称光导管。其阻值不是固定的:若光照强,光敏电阻的阻值就小;反之,若光照弱,光敏电阻的阻值就大。

图2-4-1 光敏电阻

1. 光敏电阻工作原理

光敏电阻的工作原理是基于内光电效应,在半导体光敏材料两端装上电极引线,将其封装在带有透明窗的管壳里就构成光敏电阻,如图2-4-2所示。为了增加灵敏度,两电极常做成梳状。

用于制造光敏电阻的材料主要是金属的硫化物、硒化物和碲化物等半导体。通常采用涂敷、喷涂、烧结等方法在绝缘衬底上制作很薄的光敏电阻体及梳状欧姆电极,接出引线,封装在具有透光镜的密封壳体内,以免受潮影响其灵敏度。

入射光消失后,由光子激发产生的电子-空穴对将复合,光敏电阻的阻值也就恢复原值。在光敏电阻两端的金属电极加上电压,其中便有电流通过,受到一定波长的光线照射时,电流就会随光强的增大而变大,从而实现光电转换。

光敏电阻没有极性,纯粹是一个电阻元件,使用时既可加直流电压,也可加交流电压。半导体的导电能力取决于半导体导带内载流子数目的多少。

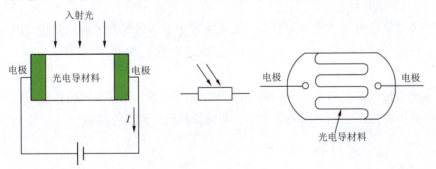

图2-4-2 光敏电阻工作原理

2. 光敏电阻分类

依据光敏电阻的光谱特性,光敏电阻可分为三种:

(1)紫外光敏电阻

对紫外线较灵敏,包括硫化镉、硒化镉光敏电阻等,用于勘探紫外线。

（2）红外光敏电阻

主要有硫化铅、碲化铅、硒化铅、锑化铟光敏电阻等，广泛用于导弹制导、地震勘探、非触摸丈量、人体病变勘探、红外光谱、红外通信等国防、科学研讨和工农业生产中。

（3）可见光光敏电阻

包括硒、硫化镉、硒化镉、碲化镉、砷化镓、硅、锗、硫化锌光敏电阻等。主要用于各种光电操控体系，如光电主动开关门、航标灯、路灯和其他照明体系的主动亮灭，主动给水和主动停水设备，机械上的主动维护设备和方位检查器，极薄零件的厚度检查器，照相机主动曝光设备，光电计数器，烟雾报警器，光电盯梢体系等方面。

3. 光敏电阻基本特性

（1）伏安特性

在一定的入射光强照射下，流经光敏电阻的电流与所加电压之间的关系称为光敏电阻的伏安特性。光敏电阻类似一个纯电阻，其伏安特性线性良好，在一定照度下，电压越大，光电流越强，但光敏电阻具有耗散功率，超过额定电压和最大电流都有可能使得光敏电阻永久损坏。

（2）光照特性

光敏电阻的光谱灵敏度与入射光强之间的关系称为光谱特性。有时光敏电阻的输出电压或电流与入射光强之间的关系也称为光照特性。光敏电阻的光照特性是非线性的，一般不适合线性检测元件。

（3）延时特性

当光敏电阻受到脉冲光照时，光电流要经过一段时间才能到达稳定值，光照突然消失时光电流也不会立刻为0，这就是光敏电阻的延时特性。

（4）光谱特性

光谱特性是照射光的波长和光电流之间的关系，根据不同波长光对应下的光电流可以得出它们之间的关系。一般波长越长，光电流越强。

二、温湿度检测

1. DHT11数字温湿度传感器

DHT11数字温湿度传感器是一款含有已校准数字信号输出的温湿度复合传感器，如图2-4-3所示，它应用专用的数字模块采集技术和温湿度传感技术，确保产品具有极高的可靠性和卓越的长期稳定性。传感器包括一个电阻式感湿元件和一个NTC测温元件，并与一个高性能8位单片机相连接。因此该产品具有品质卓越、超快响应、抗干扰能力强、性价比极高等优点。每个DHT11

数字温湿度传感器都在极为精确的湿度校验室中进行校准。校准系数以程序的形式存在一次性可编程存储器（OTP）中，传感器内部在检测信号的处理过程中要调用这些校准系数。单线制串行接口，使系统集成变得简易快捷。超小的体积、极低的功耗，使其成为在苛刻应用场合的最佳选择。产品为4针单排引脚封装，连接方便。

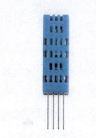

图2-4-3　DHT11数字温湿度传感器

DHT11是一款有已校准数字信号输出的温湿度传感器。其精度湿度为±5% RH，温度为±2℃，量程湿度为5% RH～95% RH，温度为-20～+60 ℃。

DHT11数字温湿度传感器带有四个引脚，分别为VCC、DATA、NC和GND。

2. DHT11通信协议

从DHT11中获取温湿度数据的方法较比简单，首先是CC2530与DHT11配对（握手），然后按照特定的协议从DATA引脚接收数据。

（1）配对（握手）

在发送温湿度数据前，DHT11需要先和CC2530配对，配对的协议如下：

DATA引脚在初始的默认状态时处于高电平（3.3 V）。

CC2530拉低DATA引脚的电平18 ms以上，接着拉高电平20～40 μs，DHT11就会被激活。

DHT11会主动拉低DATA引脚的电平，并且持续80 μs，表示已经收到了CC2530的指令并且配对成功。

接着DHT11会再次拉高电平，80 μs后就开始发送温湿度数据给CC2530。

（2）接收数据

DHT11的温湿度数据是以二进制数据表示的，这些二进制数据是按照一个比特位接着一个比特位的顺序发送到CC2530的，具体的原理如下：

在发送每个比特位之前，DHT11都会把DATA引脚的电平拉低50 μs，以此通知CC2530要发送一个比特位。

接着，DHT11把DATA引脚的电平拉高，如果持续拉高26～28 μs，表示发送的是数据0；如果持续拉高70 μs，表示发送的是数据1。

通过这个方式，温湿度数据就发送给了CC2530。每当配对成功后，DHT11就会默认发送40个比特位，即一共5字节，其中包含2字节的当前温度值、2字节是当前湿度值和1个校验值。DHT11的通信协议大致上介绍完毕，但还有多个细节没讲解到，有兴趣的读者可查阅更多相关的资料或仔细研究一下接下来介绍的API的源代码。

三、温湿度和光照强度检测

1. 功能描述

检测当前环境的温湿度和光照强度,并在OLED模块中实时显示出来。

2. 模块介绍

温湿度模块如图2-4-4所示。

温湿度模块是对DHT11传感器的封装,只需要三个引脚就可以完成温湿度的检测。

光敏模块如图2-4-5所示。

图2-4-4　温湿度模块

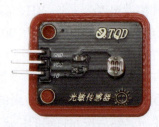

图2-4-5　光敏模块

光敏模块是对光敏电阻的封装,根据光照的强弱改变自身的阻值。光照增强时,电阻减小,电压输出值减小;光照减弱时,电阻增大,电压输出值增大;完全遮挡时,电压输出值最大。

本任务中还会用到OLED模块,在前面的任务中已经介绍过,这里不再赘述。

3. 实施步骤

(1) 流程图

检测当前环境的温湿度和光照强度,并在OLED模块中实时显示出来,流程图如图2-4-6所示。

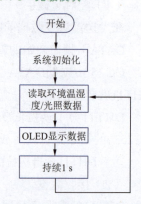

图2-4-6　环境信息检测流程图

(2) 硬件连接

实现环境信息检测需要用到的设备见表2-4-1。

表2-4-1　设备清单

序　号	元　器　件	数　量
1	核心主控板	1
2	温湿度模块	1
3	光敏模块	1
4	Thonny开发环境	1
5	安卓数据线	1

硬件连接图如图2-4-7所示。

图2-4-7 硬件连接图

OLED模块引脚连接表见表2-4-2。

表2-4-2 OLED模块引脚连接表

序 号	控制器模块引脚	OLED模块引脚	作 用
1	GND	GND	接地
2	VCC	VCC	电源
3	GPIO22	CLK	时钟信号
4	GPIO21	SDA	双向数据信号

光敏模块引脚连接表见表2-4-3。

表2-4-3 光敏模块引脚连接表

序 号	控制器模块引脚	光敏模块引脚	作 用
1	GND	GND	接地
2	VCC	VCC	电源
3	GPIO15	G	信号

温湿度模块引脚连接表见表2-4-4。

表2-4-4 温湿度模块引脚连接表

序 号	控制器模块引脚	温湿度模块引脚	作 用
1	GND	+	接地
2	VCC	−	电源
3	GPIO4	OUT	输出

（3）程序编写

在程序中用到的模块除了machine、ssd1306和time外，还有dht模块。

① ADC类。machine模块中的ADC类提供了ADC转换的功能：

```
def __init__(self, pin [,*,sample_ns[,atten]])->None  # 构造ADC对象
def read(self) -> int   # 返回采样值，范围0~4096, vol=data/4096×3.3V
```

② DHT11类。dht模块中的DHT11类提供了对DHT11型温湿度传感器的支持：

```
def __init__(self, pin) -> None        # 构造DHT11对象
defmeasure(self)->None  # 驱动DHT11进行检测，检测后才能读取温度和湿度数据
def temperature(self) -> int           # 返回温度数据，单位℃
def humidity(self) -> int              # 返回湿度数据，单位%
```

③ 温湿度和光照强度检测。程序如下：

```
from machine import Pin, ADC, I2C
import dht
import time
from ssd1306 import SSD1306_I2C

i2c = I2C(0, scl=Pin(22), sda=Pin(21), freq=4000)
oled = SSD1306_I2C(128, 64, i2c)
oled.fill(0)

id_dht = 4
id_light = 15

pin_dht = Pin(id_dht)
pin_light = Pin(id_light, Pin.IN)

d = dht.DHT11(pin_dht)

adc_light = ADC(pin_light, atten=ADC.ATTN_11DB)
adc_light.init()

while 1:
    light = adc_light.read()
    d.measure()
    oled.fill(0)
    oled.text('Temperature is:', 0, 5)
    oled.text('{}*C'.format(d.temperature()), 80, 15)
    oled.text('Humidity is:', 0, 25)
    oled.text('{}%'.format(d.humidity()), 80, 35)
    oled.text('Light value is:', 0, 45)
    oled.text(str(light), 80, 55)
    oled.show()
    time.sleep(1)
```

（4）下载运行

将程序下载到核心主控板中，运行程序，如图2-4-8所示。

图2-4-8 实物效果图

环境信息检测视频，请扫描二维码查看。

4. 扩展练习

请读者尝试实现温湿度检测并报警，例如在OLED模块中显示温湿度数据，超出阈值时显示"报警"字样且三色LED亮红色。

思考一下，如何使用光照强度作为条件来控制三色LED的亮灭？

视频

环境信息检测

任务五 气 体 检 测

任务导图

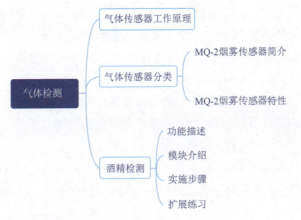

一、气体传感器工作原理

所谓气体传感器，是指用于探测在一定区域范围内是否存在特定气体或能连续测量气体成分浓度的传感器。在煤矿、石油、化工、市政、医疗、交通运输、家庭等安全防护方面，气体传感器常用于探测可燃、易燃、有毒气体的浓度或其存在与否，或氧气的消耗量等。

气体传感器主要用于针对某种特定气体进行检测，测量该气体在传感器附近是否存在，或在传感器附近空气中的含量。因此，在安全系统中，气体传感器通常都是不可或缺的。

从工作原理、特性分析到测量技术，从所用材料到制造工艺，从检测对象到应用领域，都可以构成独立的分类标准，衍生出一个个纷繁庞杂的分类体系，尤其在分类标准的问题上目前还没有统一，要对其进行严格的系统分类难度颇大。

二、气体传感器分类

从检测气体种类上，通常分为可燃气体传感器（常采用催化燃烧式、红外、热导、半导体式）、有毒气体传感器（一般采用电化学、金属半导体、光离子化、火焰离子化式）、有害气体传感器（常采用红外、紫外等）、氧气（常采用顺磁式、氧化锆式）等其他类传感器。

从使用方法上，通常分为便携式气体传感器和固定式气体传感器。

从获得气体样品的方式上，通常分为扩散式气体传感器（即传感器直接安装在被测对象环境中，实测气体通过自然扩散与传感器检测元件直接接触）、吸入式气体传感器（是指通过使用吸气泵等手段，将待测气体引入传感器检测元件中进行检测。根据对被测气体是否稀释，又可细分为完全吸入式和稀释式等）。

从分析气体组成上，通常分为单一式气体传感器（仅对特定气体进行检测）和复合式气体传感器（对多种气体成分进行同时检测）。

常见的有MQ-2烟雾传感器、MQ-3酒精传感器、MQ-4天然气传感器、MQ-5液化气传感器、MQ-6丙烷传感器、MQ-7一氧化碳传感器等。

按传感器检测原理，通常分为热学式气体传感器、电化学式气体传感器、磁学式气体传感器、光学式气体传感器、半导体式气体传感器、气相色谱式气体传感器等。

1. MQ-2烟雾传感器简介

MQ-2烟雾传感器采用在清洁空气中电导率较低的二氧化锡（SnO_2），属于表面离子式N型半导体，如图2-5-1所示。当MQ-2烟雾传感器在200～300 ℃环境时，二氧化锡吸附空气中的氧，形成氧的负离子吸附，使半导体中的电子密度减少，从而使其电阻值增加。当与烟雾接触时，如果晶粒间界处的势垒受到烟雾的影响而变化，就会引

图2-5-1　MQ-2烟雾传感器

起表面电导率的变化。利用这一点就可以获得这种烟雾存在的信息。烟雾的浓度越大，电导率越大，输出电阻越低，则输出的模拟信号就越大。MQ-2烟雾传感器的探测范围极其广泛，常用于家庭和工厂的气体泄漏监测装置。

2. MQ-2烟雾传感器特性

① MQ-2烟雾传感器对天然气、液化石油气等烟雾有很高的灵敏度，尤其对烷类烟雾更为敏感，具有良好的抗干扰性，可准确排除有刺激性、非可燃性烟雾的干扰信息。

② MQ-2烟雾传感器具有良好的重复性和长期的稳定性。初始稳定，响应时间短，长时间工作性能好。需要注意的是：在使用之前必须加热一段时间，否则其输出的电阻和电压不准确。

③ 其检测可燃气体与烟雾的范围是100～10 000 ppm（1 ppm=10^{-6}）。

④ 电路设计电压范围宽，24 V以下均可，加热电压为（5±0.2）V。

注意：如果加热电压过高，会导致输入电流过大，将内部的信号线熔断，从而使器件报废。

三、酒精检测

1. 功能描述

使用酒精模块检测当前周围环境中酒精的浓度。

2. 模块介绍

酒精模块如图2-5-2所示。

MQ-3传感器（见图2-5-3）所使用的气敏材料是在清洁空气中电导率较低的二氧化锡（SnO_2）。当传感器所处环境中存在酒精蒸气时，传感器的电导率随空气中酒精蒸气浓度的增加而增大。使用简单的电路即可将电导率的变化转换为与该气体浓度相对应的输出信号。MQ-3传感器对酒精的灵敏度高，可以抵抗汽油、烟雾、水蒸气的干扰。这种传感器可检测多种浓度酒精气氛，是一款适合多种应用的低成本传感器。

图2-5-2　酒精模块

图2-5-3　MQ-3传感器

酒精模块是MQ-3传感器的封装，支持数字信号和模拟信号输出。输出数字信号时,可以通过旋钮电位器调节检测阈值,浓度高于检测阈值才会输出低电平。

3. 实施步骤

(1)流程图

使用酒精模块检测当前周围环境中酒精的浓度,并在Thonny Shell中显示出来,流程图如图2-5-4所示。

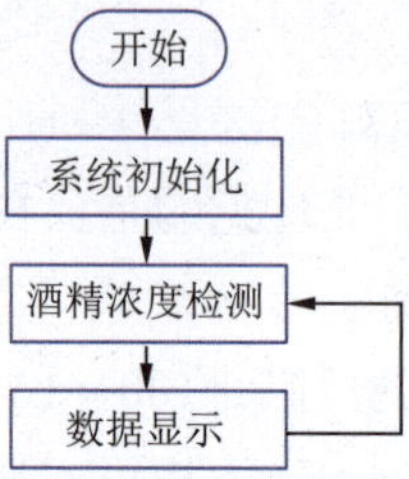

图2-5-4 酒精检测流程图

(2)硬件连接

实现酒精检测需要用到的设备见表2-5-1。

表2-5-1 设备清单

序 号	元 器 件	数 量
1	核心主控板	1
2	酒精模块	1
3	Thonny开发环境	1
4	安卓数据线	1

硬件连接图如图2-5-5、图2-5-6所示。

图2-5-5 数字信号连接图
(检测周围有无酒精)

图2-5-6 模拟信号连接图
(检测周围酒精浓度)

酒精模块引脚连接表见表2-5-2。

表2-5-2　酒精模块引脚连接表

序　号	控制器模块引脚	酒精模块引脚	作　用
1	GND	GND	接地
2	VCC	VCC	电源
4	GPIO34	A0	模拟信号传输
4	GPIO34	D0	数字信号传输

（3）程序编写

实验程序如下：

```python
from machine import Pin, ADC, I2C
import time
id_mq3 = 34
pin_mq3 = Pin(id_mq3, Pin.IN)

def analog_read():
    adc_mq3 = ADC(pin_mq3, atten=ADC.ATTN_11DB)
    adc_mq3.init()
    while 1:
        print(adc_mq3.read())
        time.sleep(0.5)

def digital_read():
    """Over the threshold: LED on, LOW level;
       conversely: LED off, HIGH level.
       The potentiometer can adjust the threshold value!
    """
    while 1:
        print(pin_mq3.value())
        time.sleep(0.5)

digital_read()
```

（4）下载运行

① 下载数字信号检测程序：

a. 将D0连接到GPIO34上；

b. 在距离酒精模块3 cm的位置，喷洒少许酒精（黑色小板上）；

c. 调节电位器，使指示灯刚刚点亮，观察Shell中的数据显示；

d. 移动酒精模块，分别观察远离和接近酒精时，Shell中的数据变化；

e. 最后还可以调节电位器，重新设置检测阈值，如图2-5-7所示。

当指示灯熄灭时，表示检测浓度低于阈值，输出高电平；

当指示灯发光时，表示检测浓度高于阈值，输出低电平。

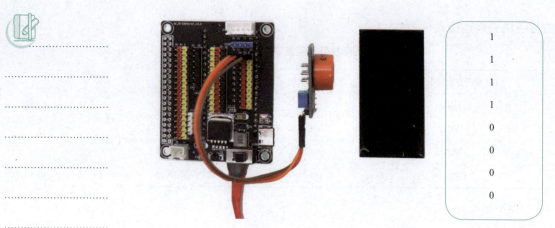

图2-5-7　实物效果图1

② 下载模拟信号检测程序：

a. 将A0连接到GPIO34上；

b. 重新在距离酒精模块3 cm的位置，喷洒少许酒精（黑色小板上）；

c. 移动酒精模块，观察Shell中的数据显示，如图2-5-18所示：

距离越近，检测到的浓度越高，输出的数值越大；

距离越远，检测到的浓度越低，输出的数值越小。

图2-5-8　实物效果图2

酒精检测视频，请扫描二维码查看。

4. 扩展练习

请读者自行添加OLED显示模块显示酒精浓度。

思考一下，如何实现一个酒精报警系统，例如通过三色LED亮灭不同的颜色？

视　频

酒精有无检测

视　频

酒精浓度检测

任务六　RFID识别

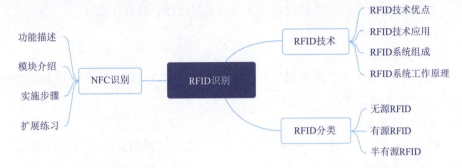

一、RFID技术

RFID（radio frequency identification，射频识别）技术主要借助于磁场或者是电磁场原理，通过无线射频方式实现设备之间的双向通信，从而实现交换数据的功能，如图2-6-1所示。该技术最大特点就是不用接触就可以获得对方的信息，ETC（电子不停车收费）就是比较典型的应用场景之一。RFID技术常用的无线电波频段主要包括：低频、高频、超高频和微波几个频段。

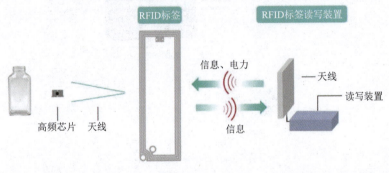

图2-6-1　RFID

1. RFID技术优点

（1）自动化

RFID技术可以在扫描区域读取和处理标签数据，避免了传统识别方法的人工操作和出错。

（2）安全性

由于RFID标签信息只能在射程范围内读取，一旦标签离开射程范围，数据就会自动删除，从而保证了标签数据的安全性。

（3）速度

RFID技术可以在几秒内识别数百个标签，相比传统条形码读取方法快了很多。

（4）可重复使用

RFID标签由高耐用性材料制成，可以重复使用，降低了成本。

2. RFID技术应用

（1）物流业

RFID技术为物流业带来了巨大的效率提升，可以追踪货物的位置和运输情况，方便管理和发货。

（2）零售业

RFID技术可以实现无人商店，消费者可以自助扫描RFID标签并自行结账。

（3）制造业

RFID技术可以帮助生产线实现智能制造，自动监控生产过程并调整生产计划。

3. RFID系统组成

RFID系统主要由阅读器（reader）、电子标签（tag）和数据管理系统三个部分组成，如图2-6-2所示。

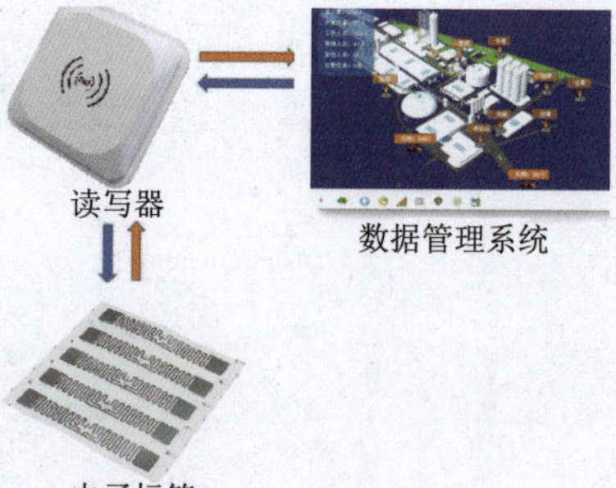

图2-6-2　RFID系统组成

（1）阅读器

阅读器又称读写器，主要用于将电子标签中的信息读出，或将标签所需信息写入标签的设备，如图2-6-3所示。根据用途不同，阅读器分为只读阅读器和读写阅读器，是RFID系统信息控制和处理中心。在RFID系统工作时，由阅读器在一个区域内发送射频能量形成电磁场，区域的大小取决于发射功率。在阅读器覆盖区域内的标签被触发，发送存储在其中的数据，或根据阅读器的指令修改存储在其中的数据，并能通过接口与计算机网络进行通信。

（2）电子标签

电子标签主要用于存储一定的数据信息，同时它会接收来自阅读器的信号，并把所要求的数据送回给阅读器。电子标签一般会被贴到或者固定安装到物品上，如图2-6-4所示。

图2-6-3　读写器

图2-6-4　电子标签

（3）数据管理系统

对阅读器传输来的电子标签数据进行解析，同时完成用户需要的功能，如图2-6-5所示。

图2-6-5　数据管理系统

4. RFID系统工作原理

当电子标签处于阅读器的识别范围内时，阅读器发射特定频率的无线电波能量，电子标签将接收到阅读器发出的射频信号，并产生感应电流。借助该电流所产生的能量，电子标签发送出存储在其芯片中的信息。这类电子标签一般称为无源标签或被动标签，或者由电子标签主动发送某一频率的信号到阅读器，这类电子标签一般称为有源标签或主动标签。阅读器接收到电子标签返回的信息后，进行解码，然后送至相关应用软件或者数据管理系统，进行数据处理。

二、RFID分类

RFID技术依据其电子标签的供电方式可分为三类，即无源RFID、有源RFID和半有源RFID。

1. 无源RFID

无源RFID系统通过电磁感应线圈获取能量来对自身短暂供电，完成信息交换。其结构简单、成本低、故障率低、使用寿命较长。然而，无源RFID的有效识别距离通常较短，一般用于近距离的接触式识别。无源RFID主要工作在较低频段，如125 kHz、13.56 MHz等。无源RFID系统的典型应用包括：公交卡、二代身份证和食堂餐卡等，如图2-6-6所示。

图2-6-6　公交卡、二代身份证

2. 有源RFID

有源RFID系统研发起步较晚，但已应用在各个领域。例如，在高速公路ETC中，采用了有源RFID系统，如图2-6-7所示。有源RFID通过外接电源或者内置电池供电，主动向阅读器发送信号，拥有了较远的传输距离与较快的传输速度。有源RFID电子标签可在100 m范围与阅读器建立数据通信，读取率可达1 700次/s。有源RFID主要工作在900 MHz、2.45 GHz、

图2-6-7　高速公路ETC

5.8 GHz等超高频段和微波频段，且具有可以同时识别多个标签的功能。有源RFID系统的上述特性使其广泛应用于高性能、大范围的RFID场景。

3. 半有源RFID

由于无源RFID系统有效识别距离较短；有源RFID识别距离足够长，但需外接电源或者内置电池，体积较大。为了解决这一矛盾，半有源RFID系统应运而生。半有源RFID技术又称低频激活触发技术。在通常情况下，半有源RFID电子标签处于休眠状态，仅对电子标签中保持数据的部分进行供电，因此耗电量较小，可维持较长的时间。当电子标签进入RFID阅读器的识别范围后，阅读

器先以125 kHz的低频信号在小范围内精确激活电子标签使之进入工作状态,再通过2.4 GHz的微波与其进行信息传递。也就是说,在不同位置安置多个低频阅读器用于激活半有源RFID产品,既能实现定位,又能实现数据的采集与传输。

三、NFC识别

1. 功能描述

利用NFC模块实现对IC卡的读写。

2. 模块介绍

NFC模块如图2-6-8所示。

NFC模块使用PN532作为检测芯片,是一个高度集成的非接触读写芯片,它包含80C51微控制器内核,集成了13.56 MHz以下的各种主动/被动式非接触通信方法和协议。

图2-6-8　NFC模块

这里使用的技术称为近场通信(near field communication,NFC)。使用了NFC技术的设备(例如移动电话)可以在彼此靠近的情况下进行数据交换,是由非接触式射频识别及互连互通技术整合演变而来的,可以说NFC是RFID的一种表现形式。

IC卡如图2-6-9所示。

图2-6-9　IC卡

IC卡又称智能卡、微电路卡或微芯片卡等。它是将一个微电子芯片嵌入符合ISO 7816标准的卡基中,做成卡片形式。IC卡与读写器之间的通信方式可以是接触式也可以是非接触式。具有体积小、便于携带、存储容量大、可靠性高、使用寿命长、保密性强、安全性高等特点。

3. 实施步骤

(1)流程图

利用NFC模块完成IC卡中数据的读写,流程图如图2-6-10所示。

```
                    ┌──────┐
                    │ 开始 │
                    └──┬───┘
                       ▼
                  ┌─────────┐
                  │ 系统初始化 │
                  └────┬────┘
                       ▼
                  ┌─────────┐
                  │ 模块唤醒 │
                  └────┬────┘
                       ▼
                  ◇信息读取状态◇
                   成功 │   │ 失败
                       ▼   ▼
              ┌──────────┐ ┌──────┐
              │返回16位数据│ │返回空│
              └────┬─────┘ └──┬───┘
                   ▼          │
              ┌─────────┐     │
              │ 写入数据 │◄────┘
              └────┬────┘
                   ▼
              ┌─────────┐
              │ 打印数据 │
              └─────────┘
```

图2-6-10　NFC读写流程图

（2）硬件连接

实现NFC读写需要用到的设备见表2-6-1。

表2-6-1　设备清单

序 号	元 器 件	数 量
1	核心主控板	1
2	NFC模块	1
3	IC卡	1
4	Thonny开发环境	1
5	安卓数据线	1

硬件连接图如图2-6-11所示。

图2-6-11　硬件连接图

NFC模块引脚连接表见表2-6-2。

表2-6-2　NFC模块引脚连接表

序　号	控制器模块引脚	NFC模块引脚	作　　用
1	GND	GND	接地
2	VCC	VCC	电源
3	GPIO16	TXD	数据发送
4	GPIO17	RXD	数据接收

（3）程序编写

在程序中用到的模块除了machine外，还有pn532模块。

① UART类。machine模块中的UART类提供了串口通信的功能：

```
def __init__(self, id: int, baudrate: int = 115200) -> None
# 构造UART对象
```

② Pn532类。pn532模块中的Pn532类提供了NFC读写的功能：

```
def __init__(self,uart) -> None
# 构造Pn532对象，需传入一个UART对象
def read(self,piect) -> (Any | Literal[''] | None)
# 读取指定块，返回读取到的字节串
def write(self,piect,b_datas) -> None
# 向指定块写入数据，必须是16位字节串
```

③ 读写。程序如下：

```
from machine import UART
from pn532 import Pn532
u1=UART(2,115200)
a=Pn532(u1)
read_data=a.read(5)
print(read_data)
data=b'\x01\x01\x01\x01\x01\x01\x01\x01\x01\x01\x10\x01\x02\x03\x05\x01'
a.write(5,bytes('fine thank you!!', 'utf8'))
```

（4）下载运行

将程序下载到核心主控板中，运行程序。

```
Awaken ok
```

结果表示该模块已唤醒，将准备的IC卡贴近NFC模块，观察Shell输出框，发现新增内容如下：

```
Find ok
b'hello world88888'
Find ok
write ok=> b'fine thank you!!'
```

"hello world88888"是IC卡中本身就存在的信息,"fine thank you!!"则表示本次输入IC卡的数据。经过此次运行,IC卡中的数据成功由"hello world88888"变为了"fine thank you!!",再运行一遍程序进行验证。验证结果如下:

```
Find ok
b'fine thank you!!'
Find ok
write ok=> b'fine thank you!!'
```

实物效果图如图2-6-12所示。

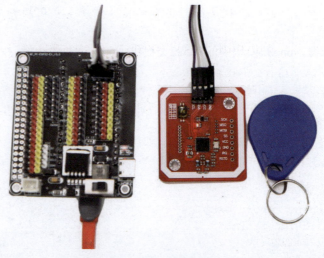

图2-6-12　实物效果图

NFC读写视频,请扫描二维码查看。

4. 扩展练习

请读者自行尝试向IC卡中存储自己的个人信息,如姓名、年龄和学号等。

思考一下,如何加密防止他人随意阅读自己IC卡的数据?

任务七 电动机驱动

 任务导图

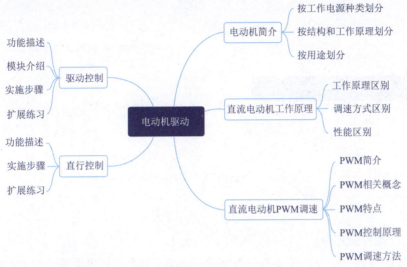

一、电动机简介

电机是将电能和机械能相互转换的电磁机械装置。电机一般有两种应用形式：一种是将机械能转换成电能，称为发电机；另一种是将电能转换成机械能，称为电动机。

1. 按工作电源种类划分

电动机主要分为直流电动机和交流电动机，如图2-7-1所示。

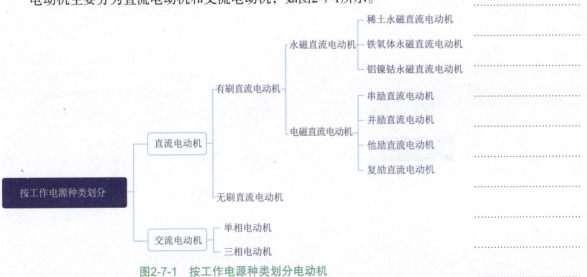

图2-7-1 按工作电源种类划分电动机

2. 按结构和工作原理划分

按结构和工作原理划分，电动机主要分为直流电动机、异步电动机和同步电动机，如图2-7-2所示。

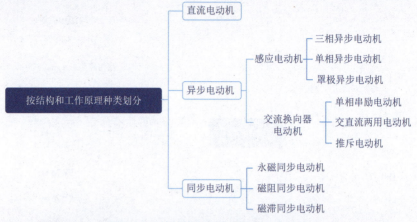

图2-7-2 按结构和工作原理划分电动机

3. 按用途划分

按用途划分，电动机主要分为驱动用电动机和控制用电动机，如图2-7-3所示。

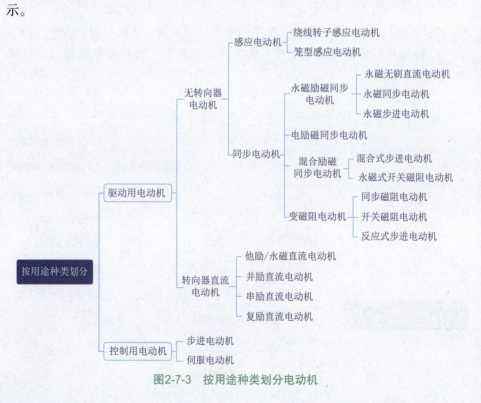

图2-7-3 按用途种类划分电动机

二、直流电动机工作原理

1. 工作原理区别

（1）有刷直流电动机

有刷直流电动机采用机械换向，磁极不动，线圈旋转，如图2-7-4所示。电动机工作时，线圈和换向器旋转，磁极和电刷不转，线圈电流方向的交替变化是随电动机转动的换向器和电刷来完成的。碳电极在线圈接线头上滑动实现变向，称为电刷。

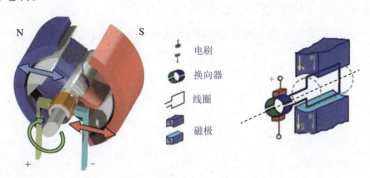

图2-7-4　有刷直流电动机

相互滑动，会摩擦电刷，造成损耗，需要定期更换电刷；电刷与线圈接线头之间通断交替，会产生电火花，产生电磁波，干扰电子设备。

（2）无刷直流电动机

无刷直流电动机采取电子换向，线圈不动，磁极旋转，如图2-7-5所示。换相的工作交由控制器中的控制电路（一般为霍尔传感器+控制器，更先进的技术是磁编码器）来完成；霍尔元件感知永磁体磁极的位置，使电子线路实时切换线圈中电流方向，来驱动电动机。克服了有刷直流电动机的缺点。

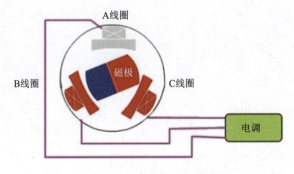

图2-7-5　无刷直流电动机

2. 调速方式区别

有刷直流电动机是调整供电电压高低,改变磁场强度,达到改变转速的目的;变压调速。

无刷直流电动机调速供电电压不变,改变电调的控制信号,改变MOS管的开关速率,实现改变转速的目的;变频调速。

3. 性能区别

有刷直流电动机与无刷直流电动机各有各的优缺点,主要根据应用场合和实际需求来选择,其性能区别见表2-7-1。

表2-7-1 有刷直流电动机与无刷直流电动机性能区别

性能区别	有刷直流电动机	无刷直流电动机
结构	简单	复杂
技术	成熟	不够成熟
维修	方便(更换电刷)	只能更换电动机
成本	低	较高(加上无刷电调)
控制	容易	较复杂
响应速度	快	慢
起动转矩	大(低速)	相对较小
变速	平缓	振动
启制动效果	平稳	不平稳、振动大
控制精度	精度高(0.01 mm)	借助定位销或者限位器
调速方式	变压调速	变频调速
单位质量转矩	小	大
单位功率转矩	小	大
可靠性	低	高
散热	慢	快
干扰	大(电火花)	小(无火花)
噪声	大	低
寿命	短(5 000 h)	长(20 000 h)
能耗	较大	较小
故障率	高	低
应用场景	精密仪器、打印机等	恒速设备、空调、冰箱、无人机、无尘、防爆、食品等行业

三、直流电动机PWM调速

1. PWM简介

PWM是"脉宽调制"的意思。脉宽顾名思义就是脉冲的宽度,即图2-7-6

中时间 t，"脉宽调制"就是改变 t 的大小。当人们在改变 t 的大小时，一次所能改变的最小值 Δt_{min} 称为PWM的分辨率。

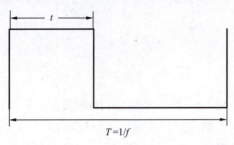

图2-7-6　PWM波形

2. PWM相关概念

占空比：就是输出的PWM波形中，高电平保持的时间与该PWM波形的时钟周期的比值。如一个PWM的频率是1 000 Hz，那么它的时钟周期就是1 ms，即1 000 μs，如果高电平保持的时间是200 μs，那么低电平保持的时间肯定是800 μs，那么占空比就是200∶1 000，也就是说PWM的占空比是1∶5。

分辨率：就是占空比最小能达到多少，如8位的PWM，理论的分辨率就是1∶255（单斜率）；16位的PWM，理论的分辨率就是1∶65 535（单斜率）。假设规定：当 $t=0$ 时，称占空比为0％；$t=T$ 时，称占空比为100％，那么8位即把100％的占空比分为256（2^8）个挡位；16位即将其分为65 536个挡位，这样当"位"越大，则其分辨率就越高，那么在进行脉宽调制时就越接近"无级调速"。

PWM是通过对一系列脉冲的宽度进行调制，来等效地获得所需要的波形（含形状和幅值），如图2-7-6所示。

3. PWM特点

PWM的一个优点是从处理器到被控系统信号都是数字形式的，无须进行数/模转换，让信号保持为数字形式可将噪声影响降到最小。噪声只有在强到足以将逻辑1改变为逻辑0或将逻辑0改变为逻辑1时，才能对数字信号产生影响。

对噪声抵抗能力的增强是PWM相对于模拟控制的另外一个优点，而且这也是在某些时候将PWM用于通信的主要原因。从模拟信号转向PWM可以极大地延长通信距离。在接收端，通过适当的RC或LC网络可以滤除调制高频方波并将信号还原为模拟形式。

4. PWM控制原理

先来看三组不同的脉冲信号，如图2-7-7所示。

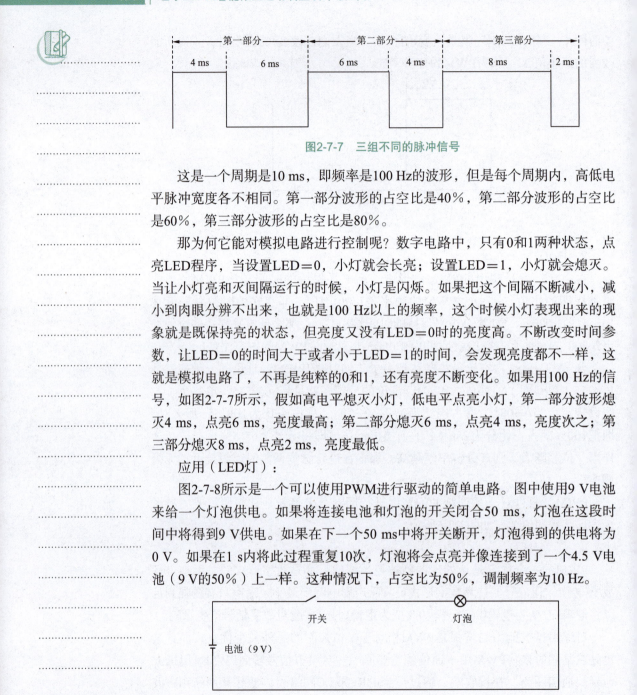

图2-7-7 三组不同的脉冲信号

这是一个周期是10 ms，即频率是100 Hz的波形，但是每个周期内，高低电平脉冲宽度各不相同。第一部分波形的占空比是40%，第二部分波形的占空比是60%，第三部分波形的占空比是80%。

那为何它能对模拟电路进行控制呢？数字电路中，只有0和1两种状态，点亮LED程序，当设置LED=0，小灯就会长亮；设置LED=1，小灯就会熄灭。当让小灯亮和灭间隔运行的时候，小灯是闪烁。如果把这个间隔不断减小，减小到肉眼分辨不出来，也就是100 Hz以上的频率，这个时候小灯表现出来的现象就是既保持亮的状态，但亮度又没有LED=0时的亮度高。不断改变时间参数，让LED=0的时间大于或者小于LED=1的时间，会发现亮度都不一样，这就是模拟电路了，不再是纯粹的0和1，还有亮度不断变化。如果用100 Hz的信号，如图2-7-7所示，假如高电平熄灭小灯，低电平点亮小灯，第一部分波形熄灭4 ms，点亮6 ms，亮度最高；第二部分熄灭6 ms，点亮4 ms，亮度次之；第三部分熄灭8 ms，点亮2 ms，亮度最低。

应用（LED灯）：

图2-7-8所示是一个可以使用PWM进行驱动的简单电路。图中使用9 V电池来给一个灯泡供电。如果将连接电池和灯泡的开关闭合50 ms，灯泡在这段时间中将得到9 V供电。如果在下一个50 ms中将开关断开，灯泡得到的供电将为0 V。如果在1 s内将此过程重复10次，灯泡将会点亮并像连接到了一个4.5 V电池（9 V的50%）上一样。这种情况下，占空比为50%，调制频率为10 Hz。

图2-7-8 PWM驱动示意图

大多数负载（无论是电感性负载还是电容性负载）需要的调制频率高于10 Hz。设想一下，如果灯泡先接通5 s再断开5 s，然后再接通、再断开……。占空比仍然是50%，但灯泡在头5 s内将点亮，在下一个5 s内将熄灭。要让灯泡取得4.5 V电压的供电效果，通断循环周期与负载对开关状态变化的响应时间相比必须足够短。要想取得调光灯（但保持点亮）的效果，必须提高调制频率。在其他PWM应用场合也有同样的要求。通常调制频率为1～200 kHz。

5. PWM调速方法

直流电动机PWM调速控制原理图和输入/输出电压波形图如图2-7-9所示。当开关管的驱动信号为高电平时，开关管导通，电源有电压U_s。

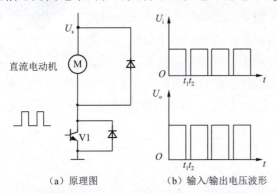

（a）原理图　　（b）输入/输出电压波形

图2-7-9　直流电动机PWM调速控制原理图和输入/输出电压波形图

t_1后，驱动信号变为低电平，开关管截止，电源电压为0。

t_2后，驱动信号重新变为高电平，开关管的动作重复前面的过程。直流电动机电枢绕组两端的电压平均值U_0为

$$U_0 = (t_1 \times U_s + 0)/(t_1 + t_2) = (t_1 \times U_s)/T = DU_s$$

式中，D为占空比，$D = t_1/T$。

占空比D表示了在一个周期T里开关管导通的时间与周期的比值。D的变化范围为$0 \leqslant D \leqslant 1$。当电源电压$U_s$不变的情况下，电枢绕组两端电压的平均值$U_0$取决于占空比$D$的大小，改变$D$值也就改变了电枢绕组两端电压的平均值，从而达到控制电动机转速的目的，即实现PWM调速。

应用（电动机控制方面）：脉冲宽度调制是一种模拟控制方式，其根据相应载荷的变化来调制晶体管基极或MOS管栅极的偏置，来实现晶体管或MOS管导通时间的改变，从而实现开关稳压电源输出的改变。这种方式能使电源的输出电压在工作条件变化时保持恒定，是利用微处理器的数字信号对模拟电路进行控制的一种非常有效的技术。

四、驱动控制

1. 功能描述

驱动左右电动机的正转与反转，从而实现机器人的前进和转弯。

2. 模块介绍

N20减速电动机模块如图2-7-10所示。

减速电动机俗称减速马达,是电动机与齿轮箱的集合体——电动机减速机一体机,主要传动结构是由传动电动机、齿轮箱组装而成的减速机(减速设备),具备连接、传动、减速、提升扭矩(承载能力)等功能。传动电动机按照结构类型分为直流有刷电动机、直流无刷电动机、步进电动机、空心杯电动机、永磁电动机等,作为减速机传动源,提供低速、高扭矩输出,在齿轮箱的作用下将输出转速降低、提升扭矩,达到理想传动效果。这里使用的是高品质的N20减速电动机作为小车的动力来源。

图2-7-10 N20减速电动机模块

3. 实施步骤

(1)流程图

通过控制左右两侧电动机的旋转方向,从而实现机器人的直行、左转、右转及自转等动作,流程图如图2-7-11所示。

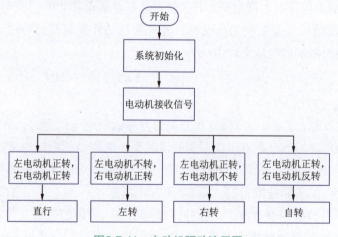

图2-7-11 电动机驱动流程图

注意:对于电动机转动的方向,相对于机器人向前转,称为正转;相对于机器人向后转,称为反转。

(2)硬件连接

实现机器人的直行和转弯需要用到的设备见表2-7-2。

表2-7-2 设备清单

序号	元器件	数量
1	TQD-Micromouse JQ3	1
2	Thonny开发环境	1
3	安卓数据线	1

进行实验时,需要将核心主控板安装到TQD-Micromouse JQ3车体上。硬件连接图如图2-7-12所示。

图2-7-12 硬件连接图

电动机模块引脚连接表见表2-7-3。

表2-7-3 电动机模块引脚连接表

序号	控制器模块引脚	电动机模块引脚	作用
1	GPIO 16	左电动机M2	驱动信号
2	GPIO 17	左电动机M1	驱动信号
3	GPIO 26	右电动机M4	驱动信号
4	GPIO 27	右电动机M3	驱动信号

(3)程序编写

在测试电动机转动方向时主要使用的还是machine模块的Pin类。

① Pin类。在控制引脚的高低电平时,除了on()/off()方法外,还有另外一个非常方便的方法value():

```
def value(self, x: Optional[int] = None) -> Optional[int]
# 返回或设置引脚的值,这取决于是否提供了x
```

② 转向测试。程序如下：

```
from machine import Pin

motor_m2_l = 16
motor_m1_l = 17

motor_m4_r = 26
motor_m3_r = 27

pin_m2_l = Pin(motor_m2_l, Pin.OUT)
pin_m1_l = Pin(motor_m1_l, Pin.OUT)

pin_m4_r = Pin(motor_m4_r, Pin.OUT)
pin_m3_r = Pin(motor_m3_r, Pin.OUT)

def lm_rotate_dir(v1, v2):
    pin_m2_l.value(v1)
    pin_m1_l.value(v2)

def rm_rotate_dir(v1, v2):
    pin_m4_r.value(v1)
    pin_m3_r.value(v2)

lm_rotate_dir(1,0)
rm_rotate_dir(1,0)
```

（4）下载运行

将程序下载到机器人中，运行程序。

练习阶段，不推荐将程序放在main.py中。如果需要断开USB，请在断开之前，将机器人切换为电池供电，如图2-7-13所示。

这时再将机器人放在合适的位置，测试转动情况，如图2-7-14所示。

图2-7-13　切换为电池供电

图2-7-14　测试转动情况

修改引脚的高低电平，观察机器人两侧电动机的转动现象。

左电动机测试结果见表2-7-4。

表2-7-4　左电动机测试结果

项　　目	左电动机M2高电平	左电动机M2低电平
左电动机M1高电平	停	反转
左电动机M1低电平	正转	停

右电动机测试结果见表2-7-5。

表2-7-5　右电动机测试结果

项　　目	左电动机M4高电平	左电动机M4低电平
左电动机M3高电平	停	正转
左电动机M3低电平	反转	停

电动机驱动视频，请扫描二维码查看。

4. 扩展练习

请读者自行尝试控制机器人后退。

思考一下，如何实现机器人组合动作，例如向前、左转、右转再后退？

五、直行控制

1. 功能描述

在实际操作中，对两台电动机赋予相同的动力，它们的转速可能是有差异的，这时就需要对机器人左右两侧电动机的速度进行匹配。

视　频

电动机驱动

2. 实施步骤

（1）流程图

通过对机器人左右两侧电动机的转速进行调节，使左右两侧电动机实际速度一致，从而实现机器人的直线行走，如图2-7-15所示。

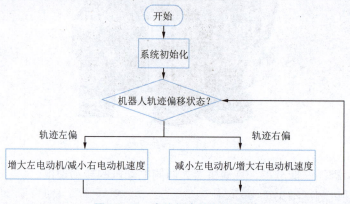

图2-7-15　直线行走控制流程图

（2）程序编写

在程序中用到的是machine模块，除Pin类外，还需要使用PWM类。

① PWM类。machine模块中的PWM类提供了PWM控制的能力。

```
def __init__(self, pin, freq= 5000, duty=512, duty_u16=32768,
duty_ns=100002) -> None            # 使用给定参数实例化一个PWM对象
```

注意：duty、duty_u16和duty_ns，仅能指定一个。

```
def duty(self, duty : Optional[int] = 512) -> Optional[int]
# 返回或设置占空比，范围0~1023
def deinit(self) -> None
# 用于销毁 PWM 对象。若需要继续使用PWM对象，需要重新初始化
```

② 调速控制。程序代码如下：

```
from machine import Pin, PWM

motor_m2_l = 16
motor_m1_l = 17

motor_m4_r = 26
motor_m3_r = 27

pin_m2_l = Pin(motor_m2_l, Pin.OUT)
pin_m1_l = Pin(motor_m1_l, Pin.OUT)

pin_m4_r = Pin(motor_m4_r, Pin.OUT)
pin_m3_r = Pin(motor_m3_r, Pin.OUT)
```

```
pwm__m1_l = PWM(pin_m1_l)
pwm__m1_l.init(freq=1000, duty=10)

pwm_m4_r = PWM(pin_m4_r)
pwm_m4_r.init(freq=1000, duty=10)

def lm_pwm(duty):
    pin_m2_l.off()
    pwm__m1_l.duty(duty)


def rm_pwm(duty):
    pwm_m4_r.duty(duty)
    pin_m3_r.off()

lm_pwm(340)    # 0~1023
rm_pwm(450)    # 0~1023
```

（3）下载运行

将程序下载到机器人中，运行程序，在断开USB之前，切换为电池供电。根据机器人运行时的偏移情况，修正PWM占空比，直至机器人可以基本沿着直线行走，如图2-7-16所示。

注意：请将测得的直线行走占空比记录下来，在后续任务中仍然会使用到。

图2-7-16 实物效果图

电动机调速视频，请扫描二维码查看。

电动机调速

3. 扩展练习

请读者自行尝试控制机器人实现较精确的转弯。

思考一下，如何控制机器人运行一个"8"字？

任务八 循迹控制

任务导图

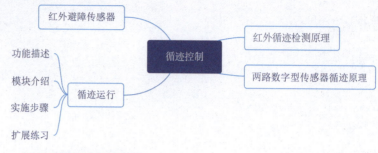

一、红外循迹检测原理

红外传感器原理如图2-8-1所示。

红外二极管发射红外光,接收管接收反射的红外光信号。不同的颜色物体对光的反射效果不同,黑色物体对光的吸收能力较强,因此反射的光很少;白色物体对光的吸收能力较弱,因此反射的光较多。红外二极管发出的光照射在不同颜色的物体上时,接收管接收的红外光强度不同,从而可以判断出物体的颜色。

红外循迹就是根据这个原理,将红外模块安装在循迹小车上,然后在赛道上面贴上黑色胶带,当检测到黑色时说明小车在黑色轨迹上,检测到白色时说明小车偏离黑色轨迹,需要向黑色轨迹靠近,赛道如图2-8-2所示。市面上大多数红外循迹传感器采用数字式的,也就是将红外接收管接收到的模拟量信号通过电压比较转换为0和1的数值信号,按照这种方法循迹,至少需要两个红外传感器固定在黑色轨迹两侧,当左边红外传感器检测到偏离黑色轨迹时往右偏,当右边红外传感器检测到偏离黑色轨迹时往左偏。

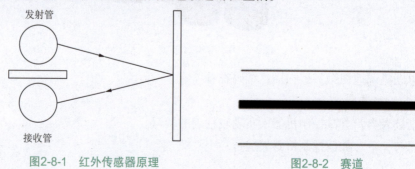

图2-8-1 红外传感器原理　　　　图2-8-2 赛道

二、两路数字型传感器循迹原理

循迹小车红外循迹原理：小车在白色地板上循黑色轨迹前进，通常采用红外探测法，如图2-8-3所示。在小车行驶过程中不断地向地面发射红外光，当遇到白色质地地面发生强的漫反射，反射光被红外接收管接收；如果遇到黑色质地地面则被强吸收，红外接收头接收不到红外光或被弱接收。主控板以接收到反射回来的红外光为依据确定黑色轨迹的位置与小车前进的路线。

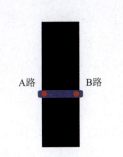

图2-8-3 两路循迹示意图

A/B两路循迹传感器的循迹小车控制逻辑见表2-8-1。

表2-8-1 A/B两路循迹小车控制逻辑

序　号	小　车　状　况	控　制　方　式
1	A、B均在黑色轨迹内	小车直行
2	A在内，B在外	左侧减速，右侧加速
3	A在外，B在内	左侧加速，右侧减速
4	A、B均在黑色轨迹外	小车直行

当A、B均在黑色轨迹外时，说明机器人受到了干扰，因此，保持直行，不做干预。

这样确实可以循迹，但是循迹效果并不理想，这样循迹有以下几个缺点：

① 循迹精度差，无法知道偏离的准确位置，只能知道左右两个状态。

② 由于只能知道两个状态，因此调整量是固定的，无论偏离幅度多少，每次调整量相同，这样容易导致循迹左右振荡。

③ 无论是行进速度还是调整速度均不能太快，否则容易超出最大范围。

优点是程序简单。市场上也有三路、五路和七路的传感器，可以表示更多种偏离类型，但是依然无法从本质上解决问题。

三、红外避障传感器

红外避障传感器的原理与红外循迹原理相似，由一个红外发射管和一个红外接收管组合而成。它可以检测出其接收到的光强的变化，它的发射波长是780 nm～1 mm，其物体不限于金属，对所有能反射光线的物体均可检测。

① 反射式光电开关的工作原理是红外传感器红外发射管发射出红外光，红外接收管根据反射回来的红外光强度大小来计数，故被检测的工件或物体表面必须有黑白相间的部位用于吸收和反射红外光，这样红外接收管才能有效截止和饱和达到计数的目的。所以，在选择工作点、安装及使用中最关键的一点是

红外接收管必须工作于截止区和饱和区。

② 使用中，光电传感器的前端面与被检测的工件或物体表面必须保持平行，这样反射式光电开关的转换效率最高。

③ 反射式光电开关的前端面与反光板的距离保持在规定的范围内。

④ 反射式光电开关必须安装在没有强光直接照射处，因强光中的红外光将影响红外线接收管的正常工作。

⑤ 反射式光电开关的红外发射管的电流在2～10 mA之间时发光强度与电流的线性最佳，所以电流取值一般不超过这个范围，若取值太大，红外发射管的光衰也大，长时间工作影响寿命；若在电池供电的情况下，电流取值应小，此时抗干扰性下降，在结构设计时应考虑这点，尽量避免外界光干扰等不利因素。

四、循迹运行

1. 功能描述

使用循迹模块，实现机器人的自动循迹行走。

2. 模块介绍

五路循迹模块如图2-8-4所示。

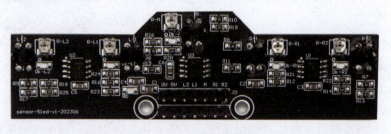

图2-8-4　五路循迹模块

五路循迹模块采用的是灰度传感器，其与红外传感器有类似之处，但却有红外传感器所不及之特性，采用高亮聚光LED灯光，接收管对不同反射光的强弱对比处理，只要对光反射强弱不同即可识别，对于很多循迹比赛中的绿白色或者是黑白场地均有很好的识别效果，颜色差值越大，分辨率越好。

循迹模块每路电路均有可调电位器，如图2-8-5所示，用于改变检测阈值。顺时针旋动电位器，减小阈值；逆时针旋动电位器，增大阈值。

当检测到的反射光强度小于阈值时指示灯灭，输出高电平；

当检测到的反射光强度大于阈值时指示灯亮，输出低电平。

对于黑白场地，适当旋动电位器，确保在黑色轨迹上指示灯灭，在黑色轨迹之外指示灯亮，即可满足检测需求。

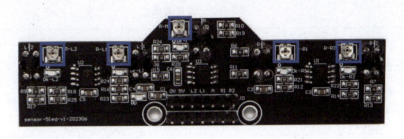

图2-8-5　可调电位器

3. 实施步骤

（1）流程图

使用循迹模块检测机器人是否发生偏移，控制电动机进行加减速回到黑色轨迹上，从而实现机器人的自动循迹行走。循迹使用的黑色轨迹宽度约为1.8 cm，循迹模块中L1与R1的间距约为3.0 cm，本实验使用循迹模块中的L1、M和R1三个灰度传感器，对于L2和R2传感器不做要求，流程图如图2-8-6所示。

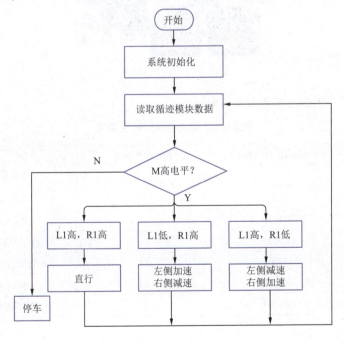

图2-8-6　循迹控制流程图

（2）硬件连接

实现循迹控制需要用到的设备见表2-8-2。

表2-8-2 设备清单

序号	元器件	数量
1	TQD-Micromouse JQ3	1
2	Thonny开发环境	1
3	安卓数据线	1
4	循迹场地	1

硬件连接图如图2-8-7所示。

图2-8-7 硬件连接图

循迹模块引脚连接表见表2-8-3。

表2-8-3 循迹模块引脚连接表

序号	控制器模块引脚	循迹模块引脚	作用
1	GND	GND	接地
2	VCC	VCC	电源
3	GPIO25	L2	左2信号输出
4	GPIO32	L1	左1信号输出
5	GPIO33	M	中间信号输出
6	GPIO34	R1	右1信号输出
7	GPIO35	R2	右2信号输出

（3）程序编写

程序如下：

```
from machine import Pin, PWM
import time
```

```
motor_m2_l = 16
motor_m1_l = 17

motor_m4_r = 26
motor_m3_r = 27

pin_m2_l = Pin(motor_m2_l, Pin.OUT)
pin_m1_l = Pin(motor_m1_l, Pin.OUT)

pin_m4_r = Pin(motor_m4_r, Pin.OUT)
pin_m3_r = Pin(motor_m3_r, Pin.OUT)

pwm__m1_l = PWM(pin_m1_l)
pwm__m1_l.init(freq=1000, duty=10)

pwm_m4_r = PWM(pin_m4_r)
pwm_m4_r.init(freq=1000, duty=10)

def lm_pwm(duty):
    pin_m2_l.off()
    pwm__m1_l.duty(duty)


def rm_pwm(duty):
    pwm_m4_r.duty(duty)
    pin_m3_r.off()


track_l2 = 25
track_l1 = 32
track_m = 33
track_r1 = 34
track_r2 = 35

pin_l2 = Pin(track_l2, Pin.IN)
pin_l1 = Pin(track_l1, Pin.IN)
pin_m = Pin(track_m, Pin.IN)
pin_r1 = Pin(track_r1, Pin.IN)
pin_r2 = Pin(track_r2, Pin.IN)


while 1:
    if not pin_m.value():
        break
    else:
        if pin_l1.value()==0 and pin_r1.value()==0:
# L1和R1均在黑色轨迹上，直行
            lm_pwm(340)
# 340和450是在任务二直线行走控制中测得的占空比
            rm_pwm(450)
```

```python
        elif pin_l1.value()==0 and pin_r1.value()==1:
                                # L1在外，R1在内
            lm_pwm(400)         # 左电动机加速
            rm_pwm(200)         # 右电动机减速

        elif pin_l1.value()==1 and pin_r1.value()==0:
                                # L1在内，R1在外
            lm_pwm(170)         # 左电动机减速
            rm_pwm(550)         # 右电动机加速

        elif pin_l1.value()==1 and pin_r1.value()==1:
                                # 受到干扰，保持直行
            lm_pwm(340)
            rm_pwm(450)

pwm_m1_l.deinit()               # 注意在停止电动机前，首先关闭PWM
pwm_m4_r.deinit()
pin_m2_l.off()
pin_m1_l.off()
pin_m4_r.off()
pin_m3_r.off()
print('finish')
```

（4）下载运行

将程序下载到机器人中，运行程序，注意在断开USB前切换为电池供电，如图2-8-8所示。

图2-8-8　实物效果图

视频
循迹控制

循迹控制视频，请扫描二维码查看。

4. 扩展练习

请读者自行尝试，在经过十字轨迹时，自动实现转弯90°；提示：使用L2和R2。

思考一下，在上述程序中，若没有关闭PWM，电动机可以停止吗？

任务九 远程控制

任务导图

一、Wi-Fi通信

Wi-Fi英文全称为Wireless Fidelity，即无线保真技术。它是一种可以将个人计算机、手持设备(如个人数字助理、手机)等终端以无线方式互相连接的技术。

Wi-Fi是一个无线网络通信技术的品牌，由Wi-Fi联盟(Wi-Fi Alliance)所持有，目的是改善基于IEEE 802.11标准的无线网络产品之间的互通性。

在无线局域网的范畴是指"无线相容性认证"，实质上是一种商业认证，同时也是一种无线联网的技术。

2.4 GHz频段支持以下标准802.11 b/g/n/ax，5 GHz频段支持以下标准802.11 a/n/ac/ax，见表2-9-1。由此可见，802.11 n/ax同时工作在2.4 GHz和5 GHz频段，所以这两个标准是兼容双频工作。

表2-9-1 版本标准

Wi-Fi 版本	Wi-Fi 标准	发布时间	最高速率	工作频段
Wi-Fi 6	IEEE 802.11ax	2019年	11 Gbit/s	2.4 GHz或5 GHz
Wi-Fi 5	IEEE 802.11ac	2014年	1 Gbit/s	5 GHz
Wi-Fi 4	IEEE 802.11n	2009年	600 Mbit/s	2.4 Gbit/sHz或5 GHz
Wi-Fi 3	IEEE 802.11g	2003年	54 Mbit/s	2.4 GHz
Wi-Fi 2	IEEE 802.11b	1999年	11 Mbit/s	2.4 GHz
Wi-Fi 1	IEEE 802.11a	1999年	54 Mbit/s	5 GHz
Wi-Fi 0	IEEE 802.11	1997年	2 Mbit/s	2.4 GHz

2.4 GHz（802.11 b/g/n/ax），5 GHz（802.11 a/n/ac/ax）

1. 组成结构

一般架设无线网络的基本配备就是无线网卡及一个AP（access point，接入点），如图2-9-1所示，如此便能以无线的模式，配合既有的有线架构来分享网络资源，架设费用和复杂程度远远低于传统的有线网络。如果只是几台计算机的对等网，也可不要AP，只需要每台计算机配备无线网卡。AP主要在介质访问控制层（MAC）中扮演无线工作站及有线局域网络的桥梁。有了AP，就像一般有线网络的集线器一般，无线工作站可以快速且轻易地与网络相连。特别是对于宽带的使用，Wi-Fi更显优势，有线宽带网络（ADSL、小区LAN等）到户后，连接到一个AP，然后在计算机中安装一块无线网卡即可上网。普通的家庭有一个AP已经足够，甚至用户的邻里得到授权后，则无须增加端口，也能以共享的方式上网。

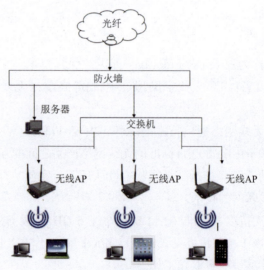

图2-9-1　无线网络组成结构

2. 分层模型

OSI七层参考模型是国际标准化组织（ISO）制定的一个用于通信系统间网络互联的标准体系，称为OSI参考模型或七层模型。

具体介绍如下：

（1）物理层

利用传输介质（双绞线、电缆等）为数据链路层提供物理连接，实现比特流的透明传输。简单来说，物理层就是数据的传输通道，传送电平信号，数据单位是比特（bit）。

该层设备有集线器、网线、中继器等。

（2）数据链路层

负责建立和管理节点间逻辑连接、进行硬件地址寻址、差错检测等。

接收来自物理层的位流形式的数据，并封装成数据帧格式传送到上一层；

或者把上层的数据帧拆装为位流形式的数据再转发到物理层。数据单位是帧。

该层设备有网桥、交换机等。

（3）网络层

负责将数据传输到目标地址，就是路由和寻址。数据单位是包。IP协议就处于网络层。

该层设备有路由器。

（4）传输层

为上层协议提供端到端的可靠和透明的数据传输服务，包括差错校验处理和流控等。数据单位是段。TCP、UDP协议处于传输层中。

（5）会话层

负责建立、管理和终止表示层实体之间的通信会话。该层的通信由不同设备中的应用程序之间的服务请求和响应组成。将不同实体之间表示层的连接称为会话。因此会话层的任务就是组织和协调两个会话进程之间的通信，并对数据交换进行管理。数据单位是报文。

（6）表示层

提供各种用于应用层数据的编码和转换功能，确保一个系统的应用层发送的数据能被另一个系统的应用层识别。数据单位是报文。

（7）应用层

为上层用户提供应用接口，也为用户直接提供各种网络服务。数据单位是报文。常见协议有HTTP、FTP、DNS等。

二、通信流程

了解了各层之间的框架后，下面介绍各层次之间是如何互相配合通信的（针对TCP/IP协议模型介绍）。

以下针对TCP/IP协议模型讲解。TCP/IP模型实际上是OSI模型的一个浓缩版本，它只有四个层次：应用层、传输层、网络层、网络接口层。

当应用程序传送数据时，数据被送入协议栈中，然后逐个通过每一层直到被当作一串比特流送入网络，其中每一层对收到的数据都要增加一些首部信息（有时还要增加尾部信息），这称为对数据的封装。应用层要发送的数据经过层层封装传输到目标机，目标机从最底层一步步将封装的数据拆解到应用层，最终还原了数据的本身形态，如图2-9-2所示。

举例说明：假如应用程序使用TCP协议发送数据"hello"，从上到下，首先经过应用层，在应用层将原始数据"hello"添加APP首部，此时数据变成了"APP首部+hello"，然后依次通过传输层、网络层，最后达到网络接口层，在最底层数据就被封装成了"各层的首部信息+hello",将这些数据信息通过传输介质(例如网线)以二进制的形式发送比特流到目标机,目标机接收到封装后的数据后,从最底层到最顶层,逐层拆包(网络层将IP首部拆除、输出层将TCP首部拆除),最后还原数据"hello"。

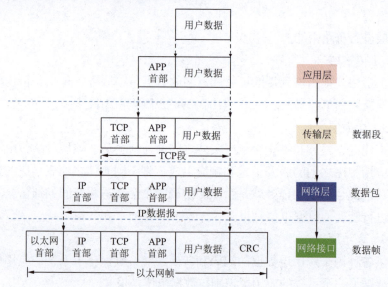

图2-9-2 通信流程

1. 网络层协议

每个网络主机都会有一个IP地址,每个节点通过IP地址进行区分不同的主机,从而进行通信,路由器和主机都有一个IP地址。该IP地址是软件层面的一个地址,如192.168.×××.×××,而不是硬件层面的MAC地址。

IP地址分为IPv4地址和IPv6地址。IPv4地址由32位正整数表示,IPv6地址由128位正整数表示。

现在用的都是IPv4地址。将32位IP地址以每8位为1组,分成4组,每组以"."隔开,再将每组数转换成十进制数。

IP地址由网络标识和主机标识组成,可以通过子网掩码来确定网络地址和主机地址分别占用多少位。

2. 传输层协议

(1)TCP协议

TCP(transmission control protocol,传输控制协议)提供的是面向连接、可靠的字节流服务。当客户和服务器彼此交换数据前,必须先在双方之间建立一个TCP连接,之后才能传输数据。TCP提供超时重发、丢弃重复数据、检验数据、流量控制等功能,保证数据能从一端传到另一端。

TCP client与TCP sever、TCP sever与TCP client和TCP client与TCP sever三次握手之后建立连接，完成两者之间的通信，如图2-9-3所示。

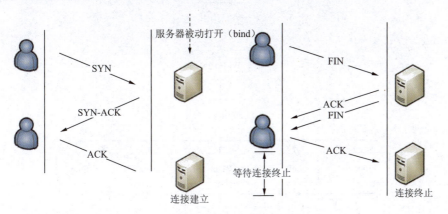

图2-9-3　TCP三次握手

TCP协议的优缺点：

优点：稳定可靠。

缺点：传输速度慢、效率低、占用系统资源多。

整个数据要准确无误地传递给对方时可使用TCP协议。

（2）UDP协议

UDP（user data protocol，用户数据报协议）是一个简单的面向数据报的运输层协议。UDP不提供可靠性，它只是把应用程序传给IP层的数据报发送出去，但是并不能保证它们能到达目的地。由于UDP在传输数据报前不用在客户和服务器之间建立一个连接，且没有超时重发等机制，故而传输速度很快。

UDP的优缺点：

优点：UDP没有TCP的握手、确认、重传、拥塞控制等机制，连接速度快，安全性比TCP稍高。

缺点：不稳定。在数据传输过程中，若网络质量不好，会出现断开丢包现象。

要求网络通信速度能尽量快，可使用UDP协议。

三、Web控制

1. 功能描述

通过Web发送指令，控制机器人执行相应的动作。

2. 实施步骤

（1）流程图

流程图如图2-9-4所示。

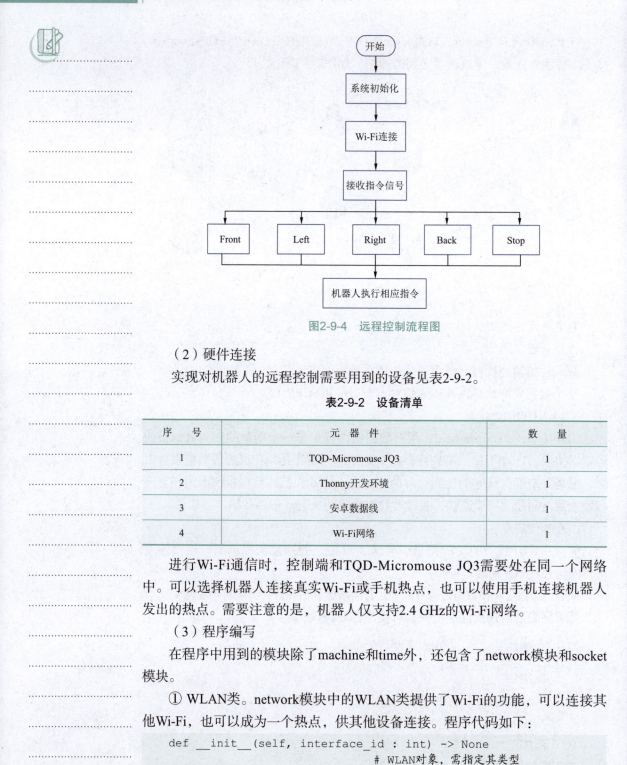

图2-9-4 远程控制流程图

（2）硬件连接

实现对机器人的远程控制需要用到的设备见表2-9-2。

表2-9-2 设备清单

序 号	元 器 件	数 量
1	TQD-Micromouse JQ3	1
2	Thonny开发环境	1
3	安卓数据线	1
4	Wi-Fi网络	1

进行Wi-Fi通信时，控制端和TQD-Micromouse JQ3需要处在同一个网络中。可以选择机器人连接真实Wi-Fi或手机热点，也可以使用手机连接机器人发出的热点。需要注意的是，机器人仅支持2.4 GHz的Wi-Fi网络。

（3）程序编写

在程序中用到的模块除了machine和time外，还包含了network模块和socket模块。

① WLAN类。network模块中的WLAN类提供了Wi-Fi的功能，可以连接其他Wi-Fi，也可以成为一个热点，供其他设备连接。程序代码如下：

```
def __init__(self, interface_id : int) -> None
                          # WLAN对象，需指定其类型
def active(self, is_active : Optional[bool]) -> Optional[bool]
```

```
# 返回或设置网卡的激活状态,这取决于是否提供了active
def connect(self, ssid: str, password : str) -> None
                            # 连接Wi-Fi,STA模式才可以使用此方法
def disconnect(self) -> None  # 断开Wi-Fi,STA模式才可以使用此方法
def status(self, param : Optional[str]) -> status
                            # 返回Wi-Fi状态
def isconnected(self) -> bool
# 在STA模式下,如果连接到Wi-Fi并具有有效的IP地址,则返回True
# 在AP模式下,当有站点连接时返回True,否则返回False
def ifconfig(self, config: Optional[tuple]) -> Optional[tuple]
# 返回或设置网络接口的参数、IP地址、子网掩码、网关、DNS服务器
# 不带参数时,该方法会返回一个包含四个元素的元组来描述上面的信息
# 带参数时,比如配置静态IP,应当传入一个包含上述四个元素的元组
```

② Wi-Fi连接程序:

```
from network import WLAN
import time

def wlan_connect(name, password):
    wlan = WLAN(0)
    wlan.active(1)
    if wlan.isconnected():
        wlan.disconnect()
    wlan.connect(name, password)
    while 1:
        time.sleep(0.5)
        if wlan.isconnected():
            print(wlan.status())
            print(wlan.ifconfig())
            break
    return True

if __name__ == '__main__':
    wlan_connect('******', '******')
```

在此程序中,最后一行"*"代表的是连接的Wi-Fi名以及密码,Wi-Fi名中不能包含非ASCII字符,且必须是2.4 GHz的网络。

若填写的Wi-Fi名和密码正确,将在Shell中得到以下输出。

```
1010
('192.168.1.141', '255.255.255.0', '192.168.1.1', '114.114.114.114')
```

1010是Wi-Fi状态,表示连接成功且获得有效IP。

四元素元组是网络接口的参数,IP地址、子网掩码、网关和DNS服务器,四个地址由路由器自动配置,所以可能彼此不同。

③ Wi-Fi控制程序：

```
from machine import Pin
from network import WLAN
import socket
import time

html = """
<!DOCTYPE html>
<html lang="en">
<head>
    <meta charset="UTF-8">
    <meta http-equiv="X-UA-Compatible" content="IE=edge">
    <meta name="viewport" content="width=device-width, initial-scale=1.0">
    <title>TQD-Micromouse ESP32</title>
    <style>
        p{
            text-align: center;
        }

        input{
            border: 5px solid black;
            background-color: aquamarine;
            color: rgb(2, 17, 6);
            font-family: 'Times New Roman', Times, serif;
            font-size: x-large;
            width: 30%;
            min-height: 50px;
        }
    </style>
</head>
<body>
    <form action="" method="post" enctype="application/x-www-form-urlencoded">
        <p><input type="submit" name="action" value="Front"></p>
        <p>
            <input type="submit" name="action" value="Left">
            <input type="submit" name="action" value="Right">
        </p>
        <p><input type="submit" name="action" value="Back"></p>
        <p></p>
        <p><input type="submit" name="action" value="Stop"></p>
    </form>
</body>
</html>
```

```
"""

motor_m2_l = 16
motor_m1_l = 17

motor_m4_r = 26
motor_m3_r = 27


pin_m2_l = Pin(motor_m2_l, Pin.OUT)
pin_m1_l = Pin(motor_m1_l, Pin.OUT)

pin_m4_r = Pin(motor_m4_r, Pin.OUT)
pin_m3_r = Pin(motor_m3_r, Pin.OUT)

def lm_rotate_dir(v1, v2):
    pin_m2_l.value(v1)
    pin_m1_l.value(v2)

def rm_rotate_dir(v1, v2):
    pin_m4_r.value(v1)
    pin_m3_r.value(v2)


def wlan_connect(ssid, password):
    wlan = WLAN(0)
    wlan.active(1)
    if wlan.isconnected():
        wlan.disconnect()
    wlan.connect(ssid, password)
    while 1:
        time.sleep(0.5)
        if wlan.isconnected():
            break
    return wlan.ifconfig()

def control(req_data):
    action = req_data.split(b'=')[-1]
    if action==b'Front':
        print('Front')
        lm_rotate_dir(0,1)
        rm_rotate_dir(1,0)
    elif action==b'Left':
        print('Left')
        lm_rotate_dir(0,0)
        rm_rotate_dir(1,0)
```

```python
        elif action==b'Right':
            print('Right')
            lm_rotate_dir(0,1)
            rm_rotate_dir(0,0)
        elif action==b'Back':
            print('Back')
            lm_rotate_dir(1,0)
            rm_rotate_dir(0,1)
        else:
            print('Stop')
            lm_rotate_dir(0,0)
            rm_rotate_dir(0,0)

def server(address):
    server = socket.socket()
    server.bind(address)
    server.listen(5)
    while 1:
        conn, addr = server.accept()
        request = conn.recv(1000)
        conn.sendall(b'HTTP/1.1 200 OK\r\n')
        conn.sendall(b'Content-Type: text/html; charset=utf-8\r\n')
        conn.sendall(b'\r\n')
        conn.sendall(html.encode())
        conn.close()
        request_list = request.split(b'\r\n')
        request_line = request_list[0]
        if request_line.startswith(b'POST'):
            request_data = request_list[-1]
            control(request_data)

if __name__ == '__main__':
    ip, subnet, gateway, dns = wlan_connect('******', '******')
    print('IP address:', ip)
    server((ip, 80))
```

（4）下载运行

将程序下载到机器人中，运行程序。此时Shell区域会显示一段网址，用计算机或手机访问该网址，就可以看到图2-9-5所示的控制页面。

如图2-9-5所示，五个按钮分别代表了智能机器人的五种运动方式，点击按钮，机器人就会执行相应的动作，如图2-9-6所示。

需要注意的是，访问网址的设备与机器人必须处于同一个网络中。

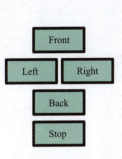  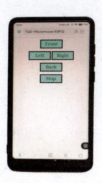

图2-9-5　控制页面　　　　图2-9-6　实物效果图

Web控制视频，请扫描二维码查看。

3. 扩展练习

请读者自行实现机器人转弯一定角度后自动恢复直行。

思考一下，如何在Web控制的同时，获取循迹模块的数据？

视 频

Web控制

任务十　视 频 监 控

任务导图

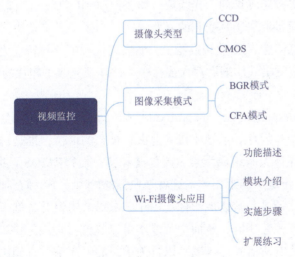

一、摄像头类型

摄像头模组（camera compact module，CCM）是影像捕捉至关重要的电子器件，简单来说，是一种将物体的光信号转换为可以读取和存储的数字信号的一种器件，主要由镜头、音圈电动机、底座、红外滤光片、图像传感器、电路板等部件组成，如图2-10-1所示。

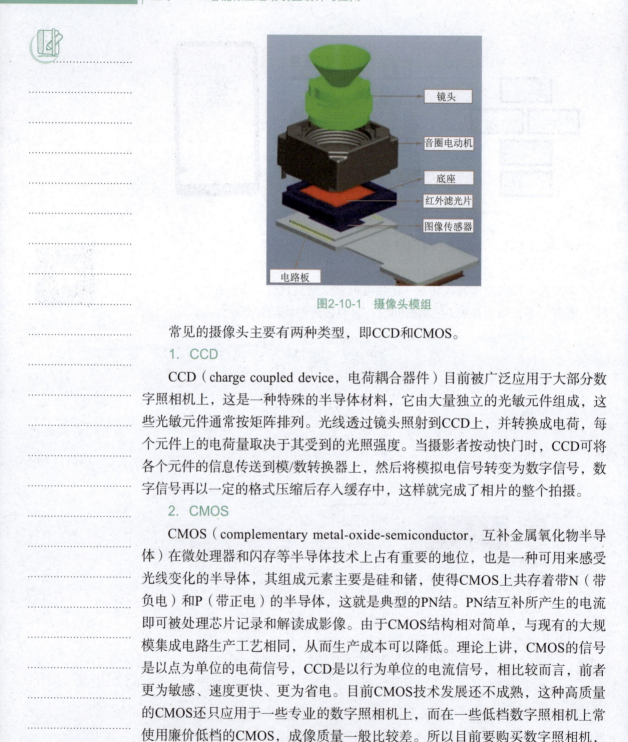

图2-10-1 摄像头模组

常见的摄像头主要有两种类型,即CCD和CMOS。

1. CCD

CCD(charge coupled device,电荷耦合器件)目前被广泛应用于大部分数字照相机上,这是一种特殊的半导体材料,它由大量独立的光敏元件组成,这些光敏元件通常按矩阵排列。光线透过镜头照射到CCD上,并转换成电荷,每个元件上的电荷量取决于其受到的光照强度。当摄影者按动快门时,CCD可将各个元件的信息传送到模/数转换器上,然后将模拟电信号转变为数字信号,数字信号再以一定的格式压缩后存入缓存中,这样就完成了相片的整个拍摄。

2. CMOS

CMOS(complementary metal-oxide-semiconductor,互补金属氧化物半导体)在微处理器和闪存等半导体技术上占有重要的地位,也是一种可用来感受光线变化的半导体,其组成元素主要是硅和锗,使得CMOS上共存着带N(带负电)和P(带正电)的半导体,这就是典型的PN结。PN结互补所产生的电流即可被处理芯片记录和解读成影像。由于CMOS结构相对简单,与现有的大规模集成电路生产工艺相同,从而生产成本可以降低。理论上讲,CMOS的信号是以点为单位的电荷信号,CCD是以行为单位的电流信号,相比较而言,前者更为敏感、速度更快、更为省电。目前CMOS技术发展还不成熟,这种高质量的CMOS还只应用于一些专业的数字照相机上,而在一些低档数字照相机上常使用廉价低档的CMOS,成像质量一般比较差。所以目前要购买数字照相机,建议用户最好选择以CCD为影像传感器的产品。

二、图像采集模式

图像传感器都采用一定的模式来采集图像数据,常用的有BGR模式和CFA模式。

1. BGR模式

BGR模式是一种可直接进行显示和压缩等处理的图像数据模式,它由R(红)、G(绿)、B(蓝)三原色值来共同确定一个像素点,例如富士数字照相机采用的SUPER CCD图像传感器就采用这种模式,其优点是图像传感器产生的图像数据无须插值就可直接进行显示等后续处理,图像效果最好,但是成本高,常用于专业照相机中。

2. CFA模式

为了减少成本、缩小体积,市场上的数字照相机大多采用CFA模式,即在像素阵列的表面覆盖一层彩色滤波阵列(color filter array,CFA)。彩色滤波阵列有多种,现在应用最广泛的是Bayer格式滤波阵列,满足GRBG规律,绿色像素数是红色或蓝色像素数的两倍,这是因为人眼对可见光光谱敏感度的峰值位于中波段,这正好对应着绿色光谱成分。在该模式下,图像数据只用R、G、B三个值中的一个值来表示一个像素点,而缺失另外两个颜色值,这时得到的是一幅马赛克图片,为了得到全彩色的图像,需要使用其周围像素点的色彩信息来估计缺失的另外两种颜色,这种处理称为色彩插值。

三、Wi-Fi摄像头应用

1. 功能描述

使用ESP32-CAM模块获取实时图像,并在Web中显示出来。

2. 模块介绍

ESP32-CAM模块如图2-10-2所示。

图2-10-2　ESP32-CAM模块(实物图和PCB正反图)

上层为ESP32-CAM模块，下层为下载底板，直接连接USB即可使用。

ESP32-CAM是一款基于ESP32-S2芯片，具有摄像功能的微型模组。同时配备了OV2640摄像头、连接外设的GPIO，以及用于存储拍摄图像的microSD卡。ESP32-CAM引脚图如图2-10-3所示。

图2-10-3　ESP32-CAM引脚图

ESP32-CAM可广泛应用于各种物联网场合，适用于家庭智能设备、工业无线控制、无线监控、二维码无线识别、无线定位系统信号以及其他物联网应用，是物联网应用的理想解决方案。

本任务中ESP32-CAM将作为协处理器使用，拍摄图像，并实时显示。

3. 实施步骤

（1）流程图

使用ESP32-CAM拍摄图像，实时在Web页面中显示出来，流程图如图2-10-4所示。

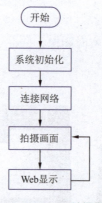

图2-10-4　ESP32-CAM拍摄图像流程图

（2）硬件连接

实现视频监控需要用到的设备见表2-10-1。

表2-10-1 设备清单

序　号	元　器　件	数　量
1	ESP32-CAM	1
2	Arduino开发环境	1
3	安卓数据线	1

（3）环境配置

本任务使用Arduino进行演示，首先进行Arduino环境的配置。

① 安装Arduino软件。请通过搜索引擎查找Arduino官网，下载并安装Arduino，推荐选择最新版。

Arduino安装完成后，将其打开，再关闭，这样就可以生成相应配置目录了。

② 安装ESP32支持。Arduino默认不包含对ESP32系列电路板的支持，因此需要安装相应扩展。

请自行在搜索引擎中搜索"esp32_package"下载安装。

扩展版本随ESP32版本升级，推荐安装最新版。

截至目前，最新版本是2.0.9，双击下载的文件图标如图2-10-5所示，将自动安装。

若需要升级版本，请将旧的安装文件全部删除，再安装新的版本。

图2-10-5 ESP32扩展

删除方法：在文件管理器地址栏输入%LOCALAPP DATA%/Arduino15/packages，按【Enter】键，然后删除其中的esp32文件夹即可，如图2-10-6所示。

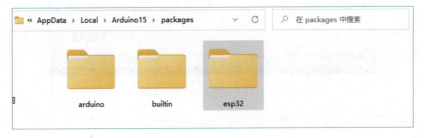

图2-10-6 删除旧安装文件

ESP32扩展安装结束后，就可以在Arduino软件中找到ESP32系列电路板，如图2-10-7所示。

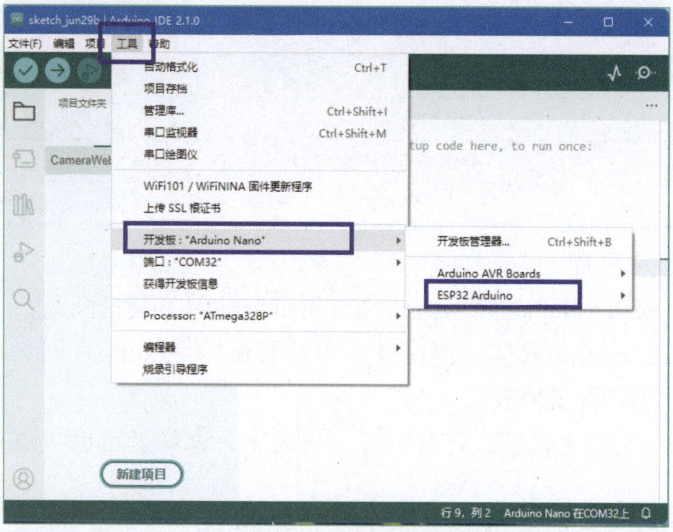

图2-10-7　ESP32 Arduino

（4）下载运行

将ESP32-CAM连接到计算机上。启动Arduino，选择电路板类型为Adafruit ESP32 Feather，端口号在设备管理器中查看，如图2-10-8所示。

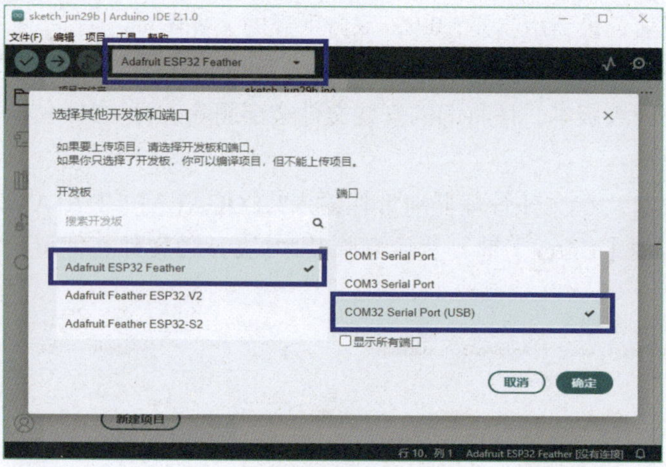

图2-10-8　选择ESP32电路板

单击"确定"按钮，接下来加载CameraWebServer示例程序，如图2-10-9所示。

在第36、37行，分别将星号*替换为自己使用的Wi-Fi名和密码。

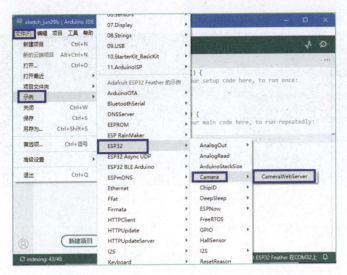

图2-10-9　加载CameraWebServer示例程序

注意：ESP32仅支持2.4 GHz的Wi-Fi网络，Wi-Fi名仅限英文、数字和下画线，如图2-10-10所示。

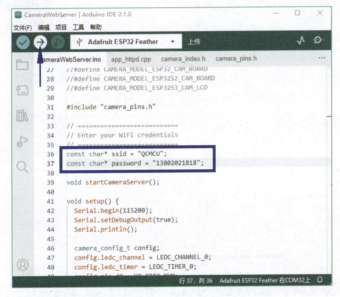

图2-10-10　CameraWebServer示例程序

单击"上传"按钮，上传程序，如图2-10-11所示。

图2-10-11　上传程序

程序上传成功后,打开串口监视器,如图2-10-12所示,按下ESP32-CAM复位键,如图2-10-13所示,程序开始运行,如图2-10-14所示。

图2-10-12　串口监视器　　　　　　　　图2-10-13　复位键

使用在同一个网络中的计算机或手机,访问图2-10-14中的网址,单击Start Stream按钮,就可以看到实时图像了,如图2-10-15所示。

图2-10-14　程序开始运行

Web中还支持各种设置,如分辨率、图像质量、亮度、对比度、饱和度、特效,甚至是人脸检测。

图2-10-15　Web实时图像

注意：ESP32-CAM在运行时耗电量较大，温度会显著升高，因此推荐为ESP32-CAM独立供电，并安装散热片。

Wi-Fi摄像头应用视频，请扫描二维码查看。

4．扩展练习

请读者自行将ESP32-CAM与TQD-Micromouse JQ3结合起来，在运行的同时，观察视频图像。

思考一下，如何将ESP32-CAM与Web控制页面结合起来？

Wi-Fi摄像头应用

第三篇 项目实战

学习目标

知识目标

① 了解智能巡检系统的组成和工作原理。

② 掌握基于TQD-Micromouse JQ3的智能巡检系统的使用方式。

能力目标

① 能够区分智能巡检系统与传统巡检系统的不同之处。

② 能够使用TQD-Micromouse JQ3完成一套智能巡检系统。

素质目标

① 具备发现问题、分析问题、解决问题能力。

② 能进行自我评估,分析并总结成功的经验与失败的教训。

任务 学习多用途环境监测智能巡检系统

任务导图

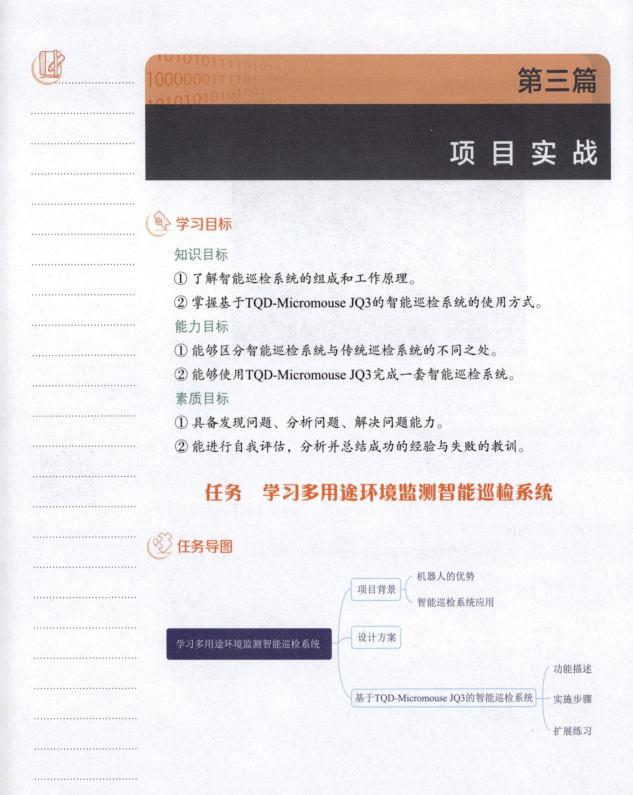

一、项目背景

随着传感器技术、信息技术、计算机技术、自动化技术以及人工智能等多学科的飞速发展，传统的人工作业方式已经无法满足当前生产发展的需求，所以促使企业向智能化和自动化转型已成为生产制造业的主要目标。

1. 机器人的优势

机器人的出现将代替人工去完成高重复性、低效率的工作。同时，自然灾害频发或危险性较大的场所中，使用机器人可以降低任务完成的代价。现如今，移动机器人的应用愈加广泛，比如，在工厂自动化生产线上，使用机器人既可以节省人力成本，还可以提高工作效率。在制造行业的生产车间，工作量最大的就是原材料、成品及零部件的搬运，使用机器人代替人工，便能很容易地解决人力搬运时的时效性以及搬运的承载限制，不但提高了工作及生产效率，还增加了安全性及可靠性。在电网领域，由于变电站或者是输电线路所处环境较为复杂，且人工作业的危险性较大，巡检机器人是实现电力系统巡检作业自动化的重要工具之一。在矿井环境中，由于环境复杂，空气温湿度、瓦斯浓度、一氧化碳等等都将直接影响矿井作业人员安全，机器人可以代替人工作业以避免人员伤害情况的发生。

2. 智能巡检系统应用

近些年，世界各地的有毒有害气体泄漏事故层出不穷，这类事故突发性强、可控性差、无法预测，一旦发生，就会使人类的生命处于极度危险的境地。多用途环境监测智能巡检系统既可以准确监测气体的浓度信息，同时兼具机器人的灵活、便捷等特点。整个系统采用4G蜂窝数据进行图传，监测人员可以对巡检机器人进行远程遥控，同时通过控制平台实时监测机器人周围的有毒有害气体的浓度信息，只要出现异常情况就可以及时采取相应的预防和应急措施，降低了巡检成本，减少了巡检次数，最重要的是化工人员无须进入巡检现场，从而降低了员工可能遇到危险的概率。随着化工厂生产的不断扩大，工业自动化的逐步发展，采用智能巡检系统对化工厂等危险区域进行全方位的监控，可以做到及时发现，及时采取有效措施，极大地提高了企业的生产安全，更为重要的是保证了每一名化工厂工人以及周边居民的生命安全。

二、设计方案

多用途环境监测智能巡检系统由巡检端、控制端和云端三部分构成，如图3-1-1所示。

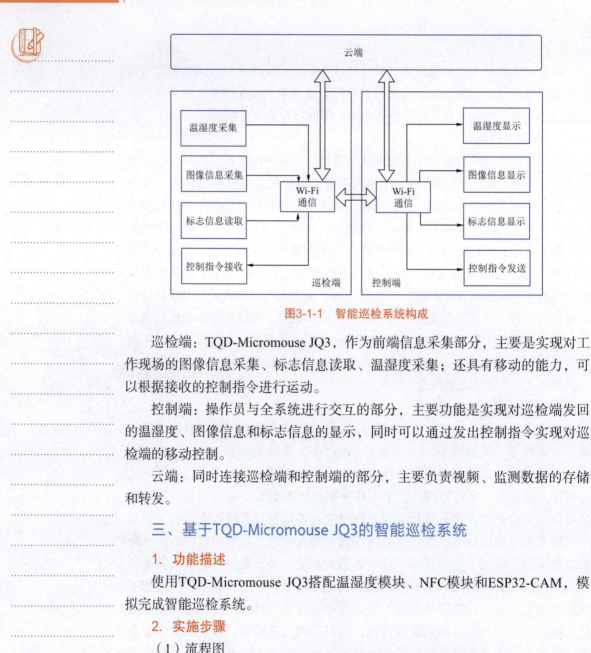

图3-1-1　智能巡检系统构成

巡检端：TQD-Micromouse JQ3，作为前端信息采集部分，主要是实现对工作现场的图像信息采集、标志信息读取、温湿度采集；还具有移动的能力，可以根据接收的控制指令进行运动。

控制端：操作员与全系统进行交互的部分，主要功能是实现对巡检端发回的温湿度、图像信息和标志信息的显示，同时可以通过发出控制指令实现对巡检端的移动控制。

云端：同时连接巡检端和控制端的部分，主要负责视频、监测数据的存储和转发。

三、基于TQD-Micromouse JQ3的智能巡检系统

1. 功能描述

使用TQD-Micromouse JQ3搭配温湿度模块、NFC模块和ESP32-CAM，模拟完成智能巡检系统。

2. 实施步骤

（1）流程图

温湿度模块和NFC模块采集环境信息和标志信息，协处理器ESP32-CAM采集图像信息，最终将所有采集的信息显示在APP和Web中，流程图如图3-1-2所示。

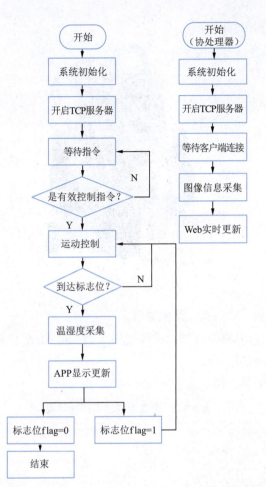

图3-1-2　巡检端（TQD-Micromouse JQ3）工作流程图

（2）硬件连接

模拟智能巡检系统需要用到的设备见表3-1-1。

表3-1-1　设备清单

序　号	元　器　件	数　量
1	TQD-Micromouse JQ3	1
2	ESP32-CAM	1
3	温湿度模块	1
4	NFC模块	1
5	IC卡	2
6	Thonny开发环境	1
7	安卓数据线	1
8	Wi-Fi网络	1

硬件连接图如图3-1-3所示。

图3-1-3　硬件连接图

TQD-Micromouse JQ3模块安装

模块安装视频，请扫描二维码查看。

ESP32-CAM作为协处理器，继续使用"第二篇 任务十 视频监控"中的程序，仅连接供电和接地即可。

温湿度模块引脚连接表见表3-1-2。

表3-1-2　温湿度模块引脚连接表

序　号	控制器模块引脚	温湿度模块引脚	作　用
1	GND	+	接地
2	VCC	−	电源
3	GPIO 18	OUT	输出

NFC模块引脚连接表见表3-1-3。

表3-1-3　NFC模块引脚连接表

序　号	控制器模块引脚	NFC模块引脚	作　用
1	GND	GND	接地
2	VCC	VCC	电源
3	GPIO 10	TXD	数据发送
4	GPIO 9	RXD	数据接收

制作简易循迹图，如图3-1-4所示。垂直轨迹用作循迹，水平轨迹用作标志位定位。

图3-1-4 简易循迹图

机器人沿着垂直轨迹,从底部向上运行。当检测到水平轨迹时,进行NFC识别,根据识别结果决定下一步的动作,继续直行或停车。

(3)程序编写

① IC卡写入数据。修改"NFC识别单元"编写的程序,为两张IC卡分别写入数据:

第一张IC卡写入'Next action is:0',作为停车的识别标志,flag=0;

第二张IC卡写入'Next action is:1',作为继续运行的识别标志,flag=1。

```
from machine import UART
from pn532 import Pn532
u1=UART(1,115200)
a=Pn532(u1)
a.write(5,bytes('Next action is:0', 'utf8'))
# a.write(5,bytes('Next action is:1', 'utf8'))
print('finish')
```

② 创建配置文件。创建Config.py作为配置文件,定义所有使用的GPIO。

```
track_l2 = 25
track_l1 = 32
track_m = 33
track_r1 = 34
track_r2 = 35

motor_m2_l = 16
motor_m1_l = 17

motor_m4_r = 26
motor_m3_r = 27

dht_id = 18
```

③ 创建机器人类JQ3。由于本实验涵盖了电动机的控制、传感器检测、NFC识别、温湿度检测、Wi-Fi连接和socket通信，功能较多，因此创建一个类，使用实例方法实现相应功能。

首先完成所有功能的初始化：

```
class JQ3:
    def __init__(self, ssid, password):
        self.init_value()
        self.init_motor()
        self.init_track()
        self.init_nfc()
        self.init_env()
        self.init_socket(ssid, password)

    def init_value(self):
        self.flag = 0
        self.flag_cmd = 1
        self.ip = '192.168.1.142'

        self.speed_left = 340
        self.speed_right = 450

        self.time_turn_left = 0.5
        self.time_turn_right = 0.5

    def init_motor(self):
        self.pin_m2_l = Pin(motor_m2_l, Pin.OUT)
        self.pin_m1_l = Pin(motor_m1_l, Pin.OUT)

        self.pin_m4_r = Pin(motor_m4_r, Pin.OUT)
        self.pin_m3_r = Pin(motor_m3_r, Pin.OUT)

        self.pwm_m1_l = PWM(self.pin_m1_l)
        self.pwm_m1_l.init(freq=1000, duty=10)

        self.pwm_m4_r = PWM(self.pin_m4_r)
        self.pwm_m4_r.init(freq=1000, duty=10)

    def init_track(self):
        self.pin_l2 = Pin(track_l2, Pin.IN)
        self.pin_l1 = Pin(track_l1, Pin.IN)
        self.pin_m = Pin(track_m, Pin.IN)
        self.pin_r1 = Pin(track_r1, Pin.IN)
        self.pin_r2 = Pin(track_r2, Pin.IN)

    def init_nfc(self):
```

```python
        u=UART(2,115200)
        self.nfc=Pn532(u)

    def init_env(self):
        pin_dht = Pin(dht_id)
        self.dht = dht.DHT11(pin_dht)

    def init_socket(self, ssid, password):
        self.ip, subnet, gateway, dns = self.socket_wifi(ssid, password)
        print(self.ip)
        self.server = socket.socket()
        self.server.bind((self.ip, 80))
        self.server.listen(5)
        self.conn, addr = self.server.accept()
        self.conn.sendall('Connected')

    def socket_wifi(self, ssid, password):
        wlan = WLAN(0)
        wlan.active(1)
        if wlan.isconnected():
            wlan.disconnect()
        wlan.connect(ssid, password)
        while 1:
            time.sleep(0.5)
            if wlan.isconnected():
                break
        return wlan.ifconfig()
```

完善电动机的控制：

```python
    def motor_pwm_left(self, duty):
        self.pin_m2_l.off()
        self.pwm_m1_l.duty(duty)

    def motor_pwm_right(self, duty):
        self.pwm_m4_r.duty(duty)
        self.pin_m3_r.off()

    def motor_forward(self, offset_l=0, offset_r=0):
        self.motor_pwm_left(self.speed_left + offset_l)
        self.motor_pwm_right(self.speed_right + offset_r)

    def motor_turn(self, direction):
        # 0: turn left; 1:turn right
        if direction:
            self.motor_pwm_left(self.speed_left)
            self.motor_pwm_right(20)
```

```python
        else:
            self.motor_pwm_left(20)
            self.motor_pwm_right(self.speed_right)

    def motor_stop(self):
        self.motor_pwm_left(20)
        self.motor_pwm_right(20)

    def motor_brake(self):
        self.pin_m2_l.on()
        self.pwm_m1_l.duty(950)
        self.pwm_m4_r.duty(1000)
        self.pin_m3_r.on()

    def motor_destroy(self):
        self.pwm_m1_l.deinit()
        self.pwm_m4_r.deinit()
        self.pin_m2_l.off()
        self.pin_m1_l.off()
        self.pin_m4_r.off()
        self.pin_m3_r.off()
        time.sleep(0.1)
```

实现循迹走直线的功能：

```python
    def motor_track(self):
        if self.pin_l1.value()==1 and self.pin_r1.value()==1:
            self.motor_forward()

        elif self.pin_l1.value()==0 and self.pin_r1.value()==0:
            self.motor_forward()

        elif self.pin_l1.value()==0 and self.pin_r1.value()==1:
            self.motor_forward(int(self.speed_left/5), int(-self.speed_right/2))

        elif self.pin_l1.value()==1 and self.pin_r1.value()==0:
            self.motor_forward(int(-self.speed_left/2), int(self.speed_right/5))
```

实现主循环：

```python
    def run(self):
        self.conn.sendall(b'Waiting for command')
        data = self.conn.recv(100)
        if data == b'front':
            self.conn.sendall(b'Start!')
            self.flag = 1
            while self.flag:
```

```python
                    if self.pin_l2.value() or self.pin_r2.value():
                        self.motor_brake()
                        time.sleep(0.05)
                        self.motor_stop()
                        time.sleep(0.5)
                        text = self.nfc.read(5).decode()
                        action_id = int(text.split(':')[-1])
                        self.dht.measure()
                        t = self.dht.temperature()
                        h = self.dht.humidity()
                        if action_id==0:
                            action = 'Stop'
                        elif action_id==1:
                            action = 'Go straight'
                        data = 'Next action is: {}!\nTemperature is: {}\nHumidity is: {}'.format(action, t, h).encode()
                        self.conn.sendall(data)
                        time.sleep(1)
                        if action_id==0:
                            self.motor_brake()
                            time.sleep(0.05)
                            self.motor_stop()
                            time.sleep(0.5)
                            self.motor_destroy()
                            self.conn.sendall(b'Finished')
                            time.sleep(0.5)
                            self.server.close()
                            # self.flag = 0
                            break
                        elif action_id==1:
                            self.motor_forward()
                            time.sleep(0.2)
                    else:
                        self.motor_track()

jq = JQ3('*****', '******')
jq.run()
```

上述星号*表示Wi-Fi名和密码，第一个位置参数是Wi-Fi名，第二个位置参数是Wi-Fi密码。

（4）下载运行

将程序下载到核心主控板中，运行程序。按下手机APP中的"直行"按钮，机器人将开始运行，NFC识别数据和温湿度采集信息都将传输到APP中，Web中实时显示ESP32-CAM采集到的图像信息，如图3-1-5所示。

本实验中使用的APP可以扫码下载安装。

视频

TQD-Micromouse JQ3整体运行

图3-1-5　实物效果图

3. 扩展练习

请读者自行编写程序，结合手机APP按钮控制，实现机器人的自由移动。

思考一下，如何实现转弯控制？例如制作第三张IC卡，写入flag为2，当被检测到时，自动左转弯或右转弯。